Inventorによる3D CAD入門

【第2版】

村木正芳 編著

北洞貴也・木村広幸 著

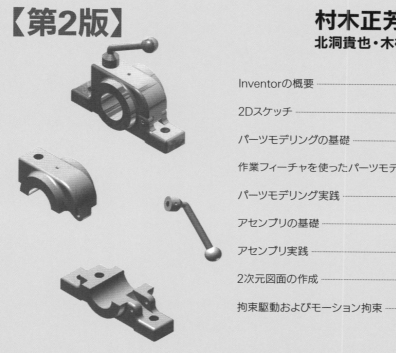

TDU 東京電機大学出版局

Autodesk, AutoCAD, Inventorは, 米国Autodesk, Inc.の米国およびその他の国における商標または登録商標です。
その他, 本文中の製品名は, 一般に各社の商標または登録商標です。
本文中では, ™および®マークは明記しておりません。

初版 まえがき

　CADが製造業で使われ始めて30年以上が経過しました。この間，設計現場においては，図面の作成を目的とした手書き製図の延長線上にある2次元CADから，設計要素や生産情報を加えることのできる3次元CADへと主流が移りました。このような変化に即応するかたちで，大学・高専・専門学校などの教育機関においても，3次元CADによる新しいCAD教育が展開されつつあります。

　本書は，そのような教育機関でのCAD授業の教科書として，また，3次元CADの初学者が自習形式で楽しく学べる独習書として作成しました。学生や一般の方が，本書を見ながらすぐに，気軽にモデリングやアセンブリにとりかかることができる内容にしています。まずは，本書を見ながら第1章から順にCADを操作してみてください。冗長な解説は極力減らしていますので，途中でつまずくことなく，誰もが「できた！」「わかった！」と達成感，満足感を感じることでしょう。このような実習体験を通してのみ，CAD操作の方法が確実に身につくことと思います。なにより，自らやってみて，得られた満足感や喜びを次のステップのエネルギーにしていくことが，3次元CAD技術修得の近道になるはずです。CADの基本操作に慣れていくうちに，あっという間に最後のページに行ってしまう方も多いことでしょう。それこそが本書のねらいとも言えます。

　本書では，CADソフトウェアとして，広く普及しているAutodesk社の3次元CADソフトInventor Professionalを取り上げました。現在多くの3次元CADソフトが市販されていますが，Inventorを使ってCADの基本操作を学習しておけば，どのような3次元CADソフトも使いこなせる力が養えると思います。

　最後に，貴重な資料を提供いただきました元湘南工科大学の平綿先生に，心より感謝申し上げます。また，本書の執筆に当たり，精力的に原稿の精査に加わっていただくとともに，貴重な助言をいただいた，東京電機大学出版局編集課の坂元真理氏に感謝の意を表します。

　2017年12月

著者一同

第2版 まえがき

　本書は，CADソフトウェアとして広く普及しているAutodesk社の3次元CADソフトウェアInventor Professionalの入門書として，2018年3月に初版が発行されました。おかげさまで発刊以来多くの皆様にご利用いただき，「図形作成から図面作成までの詳細なチュートリアル」，「基本的な操作を学ぶだけであれば，これ一冊で十分」と高い評価をいただいています。

　近年，製造業では，デジタルトランスフォーメーション（DX）が推進されており，3次元CADは機械設計の基盤を成す技術として，部品の組み立てや動作確認，部品同士の干渉チェックなどの付随する機能を強化し，より複雑な機械でも正確に設計ができるようになっています。最新のInventorでもこの流れに対応し，他のソフトウェアとの連携，PDM（製品データマネージメント）の強化や機能の追加，操作性の改善が図られています。

　今回の改訂では，執筆時点での最新のバージョンInventor Professional 2023に合わせて，機械設計の視点からモデリングの際の座標軸の取り方を見直し，また必要な部分では説明もより丁寧になるよう見直しました。今後も3次元CADの初学者が楽しく学べる独習書として活用が広がることを期待しています。

　最後に，改訂版の編集でお世話になりました東京電機大学出版局編集課の坂元真理氏に厚く御礼申し上げます。

　　2022年11月

著者一同

目次

第1章 Inventor の概要

第2章 2Dスケッチ

第3章 パーツモデリングの基礎

第4章 作業フィーチャを使ったパーツモデリング

第8章 2次元図面の作成

第9章 拘束駆動およびモーション拘束

第1章 Inventorの概要

本章ではCADを使用する目的と，本書で扱うInventorの概要および，おおまかな作業の流れについて説明します。

1-1 CADとは

機械図面とは，機械部品などを製作するための情報が記載された図面です。図面には，設計者でなくても同じ物が製作できるよう，さまざまな情報が記載されます。CAD（Computer-Aided Design）は，機械や建築，電気などの分野における設計・作図作業を，コンピュータを利用して行う際に使う支援ツールです。従来，手書きで行っていた作業をコンピュータで行えるようになったことで，データの保存や再利用，変更などが容易になり，作図の精度も向上しました。

＊ドラフター：図面をペンなどで描くための定規などが付いた製図板。

ドラフター＊を使った手書きの製図や2次元CADによる製図では，3次元の物体を頭の中で2次元に変換する必要があるので，図面に描く前にあらかじめ形状を決めておかなければなりませんでした。一方，3次元CADでは，コンピュータ上に3次元モデルが表示されるため，物体のイメージを捉えやすいというメリットがあります。また，一度3次元のモデルを作成しておけば，2次元の投影図などもソフトウェア上で簡単に作成できます。さらに，設計した製品の作動の様子などを動画で表現することもできるため，プレゼンテーションにも向いています。

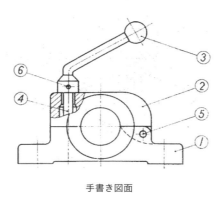

手書き図面

3Dモデル

　3次元CADでは，作図と連携しながら機構解析や仮想試作，CAM[*]などが行えるので，設計者が直接CADを扱うことにより，より業務が効率化できます。ただし，これらの機能を有効に活用するには，ソフトウェアの操作に習熟しておく必要があります。

1-2　Inventorとは

　1982年にAutodesk社から汎用の2次元CADであるAutoCADが発売され，機械や建築の分野で利用されるようになりました。その後，AutoCADをベースとしながら，機械設計に特化して3次元機能を強化したAutoCAD Mechanicalが開発されます。さらに，本格的3次元CADとして，1999年に質量や重心の計算もできるソリッドモデル[*]を扱うInventorが発表され，機構解析，構造解析が可能になるなど，改良が重ねられながら今日に至っています。

　Autodesk社の多数のソフトウェア製品は，本書を執筆している2022年時点で教育機関およびその学生であれば無償でダウンロードして使用できるようになっており，Inventor Professionalもその対象になっています。業界標準として扱われる2次元のAutoCADのファイルフォーマットは，Inventorでも読み込んで使用することが可能であるため，2次元CADから3次元CADへの移行が行いやすいメリットもあります。

1-3 Inventorによる図面作成の流れと使用するファイル

図面作成の流れ

　まず，Inventorによる部品の作成，組み立て，そして図面化までのおおまかな流れを説明します。

　下図の軸受クランプは複数の部品から構成されています。

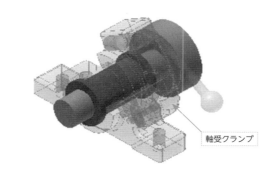

軸受クランプ

1) ベースのスケッチ　　　　　2) 立体化（フィーチャ）　　　　　3) モデルの編集

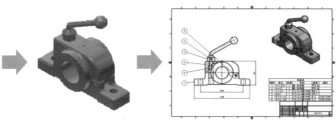

4) アセンブリ　　　　　5) 図面化

1) ベースのスケッチ：軸受クランプのベース部を平面図で描きます。この作業，または作成した図形を「スケッチ」と呼びます。

2) 立体化：スケッチに厚みを付けて立体形状にします。このときの立体化作業，あるいは立体化した形状のことを「フィーチャ」と呼びます。

3) モデルの編集：作成した立体形状に，丸みを付けたり，穴を開けたりして，パーツを完成させます。完成したパーツは，パーツファイルとして保存されます。

4) アセンブリ：複数の部品を組み合わせて軸受クランプ全体を組み立てます。このときの部品の組み立て作業あるいは組み立てた形状のことを「アセンブリ」と呼びます。その際に，部品同士が正しく組み合わせられるか，組み立て後の機械が予定どおりに動くか，動いたときに部品同士が干渉を起こさないかなどの確認もできます。これによって実物の試作を繰り返す必要がなくなるので，開発期間やコストの低減が図れます。アセンブリの結果はアセンブリファイルとして保存されます。

5) 図面化：完成したパーツファイルやアセンブリファイルは簡単に投影面に展開できるので，これに表面性状や寸法公差など，製作に必要な情報を製図規則にしたがって書き込み，部品図や組立図を作成します。作成結果は図面ファイルとして保存されます。

使用するファイル

作業で扱うファイルは次の4種類で，それぞれ拡張子が異なります。

ファイル種類	パーツ	アセンブリ	図面	プレゼンテーション
作業内容	部品作成	組み立て／動作確認	2次元図面作成	組立・分解を動画で説明
標準テンプレートファイル	Standard.ipt	Standard.iam	Standard.idw Standard.dwg	Standard.ipn

1) **パーツファイル**：1つの部品を表すファイル。2次元スケッチとパーツモデリングの際に使用します。拡張子は「ipt」。

2) **アセンブリファイル**：複数のパーツが組み合わされた機械部品や機械全体を表すファイル。拡張子は「iam」。

3) **図面ファイル**：パーツファイルやアセンブリファイルに保存された機械部品形状を2次元に投影し，寸法などの図示記号を加えることができる図面ファイル。拡張子は「idw」あるいは「dwg」。

4) **プレゼンテーションファイル**：アセンブリファイルのパーツの分解や，組み立てを動画で示すファイル。拡張子は「ipn」。

　表のように，それぞれの作業ごとに標準テンプレートファイルが用意されているので，新たな作業を開始するときは，それらを開けば必要な設定が読み込まれます。

1-4　Inventorの起動と終了

　それでは，まず，Inventorの起動と終了方法を確認しておきましょう。

Inventorの起動

❶ デスクトップの［Autodesk Inventor Professional 2023］アイコン ![I] をダブルクリック（または，右クリックメニューから［開く］をクリック）します＊。⇒ Inventorが起動して，起動画面が表示されます。

❷ パーツファイルを作成する場合は，ホーム画面の［新規作成］－［Standard.ipt］－［作成］ボタンの順にクリックします。⇒ パーツファイルの編集画面が表示されます。

＊デスクトップにアイコンがない場合は，スタートメニューから［Autodesk Inventor 2023］または［Autodesk Inventor Professional 2023］を選択します。

Inventor
2023 アイコン

Inventor 2023 起動後の最初の画面

❷-1 クリック　ここにはまだ何もありません。

❷-2 クリック

❷-3 クリック

パーツファイル起動後の最初の画面

Inventorの終了

❶ ウィンドウ左上の［ファイル］タブをクリック→メニューから［終了
Autodesk Inventor Professional]をクリックします*。⇒ 下図のよ
うなダイアログボックスが表示された場合は，次の❷に進みます。

❷ ここでは保存せず終了するので，［いいえ］ボタンをクリックします。
⇒ Inventor が終了します*。

*ウィンドウ右上の［閉じる］
アイコン ✕ をクリックす
る方法でも終了できます。

*第2章以降で説明するス
ケッチモードになっている
場合，一度［スケッチを終
了］ボタンをクリックする
と，パーツ編集画面に戻る
ので，その後，❶〜❷の操
作を行います。

第2章 2Dスケッチ

本章では，3次元パーツモデルの元になる2次元スケッチの作成方法について説明します。

2-1 パーツファイルを開く

*くわしい手順は1-4節を参照。

❶ 「Autodesk Inventor Professional 2023」を起動します*。

❷ ホーム画面の［新規作成］ボタンをクリック→表示されたダイアログボックスで［Standard.ipt］を選択 →［作成］ボタンをクリックします。

　⇒ パーツファイル編集画面が表示されます。

パーツファイル編集画面の構成

パーツファイル編集画面（パーツ環境）は，次の要素で構成されています。

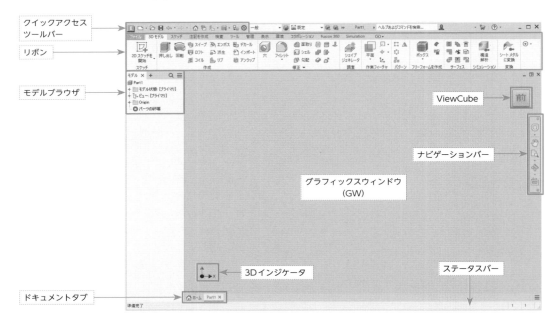

クイックアクセスツールバー

リボン

モデルブラウザ

ViewCube

ナビゲーションバー

グラフィックスウィンドウ（GW）

3Dインジケータ

ステータスバー

ドキュメントタブ

1) リボン：目的ごとにパネルで分類されたコマンドボタンが配置されています。

2) モデルブラウザ：モデル作成の履歴が表示されます。

3) ViewCube：モデルを見る視点（ビュー）を変えるときに使います。

4) ナビゲーションバー：各種の表示ツールが含まれます。

5) ドキュメントタブ：開いているファイルが表示され，これによって作業ファイルを移動できます。

6) ステータスバー：コマンド実行時のメッセージが表示されます。

7) 3Dインジケータ：現在のビューにおけるXYZ軸の向きを示します。

2-2 スケッチ平面の選択

　3次元のパーツモデルは，基本的に，2次元スケッチで作成した図を立体化して作成します。そのため，まず2次元スケッチ用平面を用意する必要があります。

[3Dモデル] タブ

クリック

❶ [3Dモデル] タブ － [スケッチ] パネル － [2Dスケッチを開始] ボタンをクリックします。⇒ グラフィックスウィンドウ（以下GW）に，XY Plane（XY平面），YZ Plane（YZ平面），XZ Plane（XZ平面）の3つの交差平面が表示されます。

❷ XY平面を選択する場合，カーソルを [XY Plane] に近づけて色が変わった状態で，枠をクリックします*。

＊モデルブラウザの[Origin]
－[XY Plane] をクリックする方法でも，XY平面が選択されます。

＊スケッチ平面：2次元スケッチの作成平面を指します。

＊グリッド線が表示されていない場合は，[ツール] タブ－[アプリケーションオプション] ボタンをクリックし，ダイアログボックスで[スケッチ]－[表示]－[グリッド線]をチェックします。

　以上によって，GW上にXY平面がスケッチ平面*として表示されます（左下の3Dインジケータで，XY平面であることが確認できます）。原点（Center Point，以下CP）が中央に置かれます。モデルブラウザに [スケッチ1] が追加されたことも確認してください。

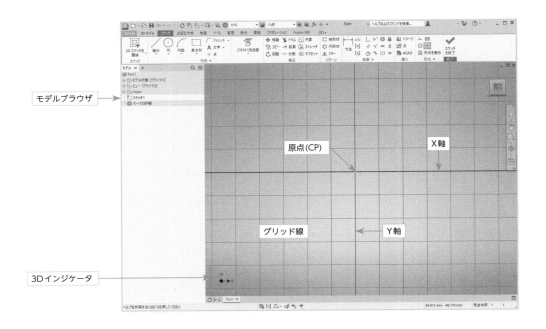

モデルブラウザ

3Dインジケータ

原点(CP)

X軸

グリッド線

Y軸

前

2-3 コマンドの実行・終了・キャンセル

コマンドの実行

　スケッチを作成するときは，［スケッチ］タブ−［作成］パネルに用意
された描画ツールコマンドを使用します。各コマンド下の［▼］をクリッ
クすると，同じグループツールがプルダウンメニューで表示されます*。

［スケッチ］タブ

［作成］パネル

＊この図の例では，［線分］ボ
タンの下に［スプライン］な
どのメニューがあることを
示しています。

プルダウンメニュー

　それでは線分コマンドを例に，コマンドの実行／終了方法を確認しま
しょう。

❶ リボンの [スケッチ] タブ － [作成] パネル － [線分] ボタンをクリック します。

❷ GW内の適当な位置（始点）をクリック→マウスを動かして別の場所（終点）をクリックします。⇒ 線分が描画されます。このとき，線分コマンドが選択されたままの状態になっているので，次の点を指定すると引き続き線分が描画されます*。

＊[線分] ボタンが選択されたままになっていることをボタンの色により確認してください。ステータスバーには，次の終点を指定するよう表示されています。

❸ マウスを動かして次の点をクリックします。この作業を3回繰り返して，下のような折れ線を作成します。

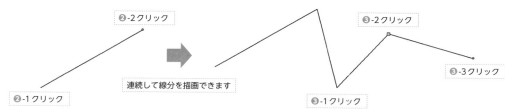

コマンドの終了

＊Esc キーを押す，別のコマンドを選ぶなどの方法でも，実行中のコマンドを終了できます。

＊折れ線を終了する際に，ダブルクリックすると，線分コマンドを継続した状態が維持されます。

❶ 右クリックで表示されるメニューから [OK] ボタンをクリックします*。

コマンドのキャンセル

コマンドの実行結果をキャンセルするには，クイックアクセスツールバーにある [元に戻す] ボタン（⇐）をクリックします。押すたびに，過去にさかのぼって実行内容がキャンセルされます。

キャンセルした実行内容を復活するには，[やり直し] ボタン（⇒）をクリックします。

先ほどの折れ線を使って，[元に戻す] と [やり直し] の動作を確認しておきましょう。

2-4 画面表示の操作

マウスによる操作

　GW画面の表示範囲や表示サイズは，マウス操作によって簡単に変更できます。これらの操作によって，線分やグリッド線の大きさと，CPの位置が変わることを確認してください。

1) **画面の縮小と拡大**：マウスのホイールボタンを奥に回転すると表示が縮小します。手前に回転すると表示が拡大します。
2) **画面の移動**：ホイールボタンを押し込むと手のひらマーク（ ✣ ）が表示され，そのままドラッグすると，表示領域が移動します。

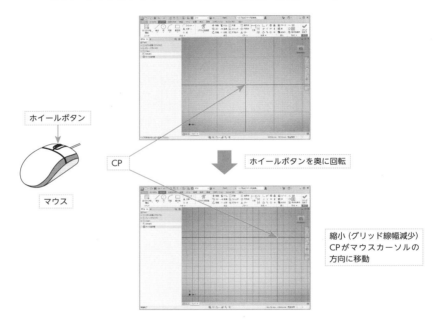

ホイールボタン

マウス

CP

ホイールボタンを奥に回転

縮小（グリッド線幅減少）
CPがマウスカーソルの
方向に移動

ナビゲーションバーによる操作

　GW画面右上のナビゲーションバーには，画面表示を変更するためのさまざまなツールが用意されています。

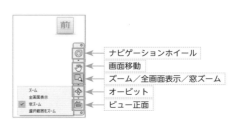

前

ナビゲーションホイール
画面移動
ズーム／全画面表示／窓ズーム
オービット
ビュー正面

1) **ナビゲーションホイール**：主に3Dモデルの画面表示操作に役立つさまざまなツールがまとまっています。

2) **画面移動**：マウスドラッグで表示領域を変更します（マウスホイールのドラッグと同じ）。

3) **ズーム**：マウスドラッグで表示を拡大／縮小します（マウスホイールの回転と同じ）。

4) **全画面表示**：図形全体をGWいっぱいに表示します。

5) **窓ズーム**：このツールを選択して長方形を描くと，その範囲が拡大表示されます。

6) **オービット**：3Dモデルを回転表示するときに使います。

7) **ビュー正面**：3Dモデルの選択面を正面にします。

2-5 作成コマンド

　　［スケッチ］タブの［作成］パネルには，2-3節で使用した［線分］以外にもさまざまな描画ツールが用意されています。次に，1つずつ使い方を確認していきましょう。

円(中心点)

11.782 mm

❶ ［円（中心点）］ボタンをクリックします。⇒ 画面左下のステータスバーに［円の中心を選択］と表示されます。

❷ GW上の任意の位置でクリックします。⇒ 円の中心点になります。

❸ マウスを動かすと円が表示されるので，適当な大きさにしてクリックします。⇒ 円が確定しました。確定前にキーボードから寸法枠に数値を入力して，直径を指定することもできます。

円(接線)

❶ [線分] ボタンをクリック→下図左のような折れ線を描画します。

❷ [円] ボタンの下にある [▼] をクリック→プルダウンメニューから [円 (接線)] をクリックします*。

❸ 3本の線分を順次クリックします。⇒ 線分に接する円が作成されました。

*リボンに表示されるアイコンは,そのグループで最後に選んだものに置き換わります。

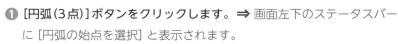

❷円(接線)コマンドを選択

❶線分を描画　　　❸3つの線分を順にクリック

円弧(3点)

❶ [円弧(3点)] ボタンをクリックします。⇒ 画面左下のステータスバーに [円弧の始点を選択] と表示されます。

❷ 任意の位置でクリックします。⇒ 一方の端点が表示されました。

❸ マウスを動かすと線分が表示されるので,適当な大きさにしてクリックします。⇒ もう一方の端点が表示されました。

❹ マウスを動かすと円弧が表示されるので,適当な大きさにしてクリックします。⇒ 円弧が確定しました。

長方形

❶ [長方形] ボタンをクリック→GW上の任意の点をクリックします。⇒ 長方形のコーナーの1つが指定されます。

❷ マウスを動かして長方形が表示されたら,任意の位置でクリックします。⇒ 長方形が作成されました。

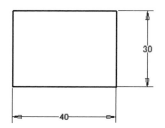

次に，描画中に寸法を指定する方法も説明します。

❶ [長方形] ボタンをクリック→GW上の任意の点をクリックします。

❷ マウスを動かして長方形が表示されたら，クリックの前にキーボード
から数値を入力して，寸法枠に値を入れます。寸法枠の移動は [Tab] キー
で行います。

❸ 数値を入力して [Enter] キーを押します。⇒ 指定した大きさの長方形
が作成されます。

ポリゴン（正N角形）

❶ [長方形] ボタンの下にある [▼] をクリック → [ポリゴン] をクリック
します。

❷ ダイアログボックスでエッジの数を「5」に書き換えます。

❸ GW上の任意の点をクリックします。⇒ 中心位置が決まります。

❹ マウスを移動すると正五角形が表示されるので，任意の大きさと向き
にしてクリックします。

2-6 ジオメトリの操作

前節の手順で作成した点，線，図形を総称して**ジオメトリ**と呼びます。
これらのジオメトリを選択すると，削除，トリム，コピーなどの操作が
行えます。

1つずつ選択

それでは，実際にジオメトリを選択してみましょう。GW上に長方形
コマンドを使って次のような長方形を描画します。この長方形の一辺を
クリックすると，線分の色が変わり，選択状態になります。複数の線分
を選択する場合は， [Shift] キーを押したまま，連続してほかの線分をク
リックします。

線分を選択

2本目の線分を選択

窓選択

　GW上で左から右にカーソルをドラッグすると，ピンク色の長方形が表示され，この範囲に全体が含まれるジオメトリが選択されます。

交差選択

　GW上で右から左にカーソルをドラッグすると，薄い緑色の長方形が表示され，この範囲に一部でも含まれるジオメトリがすべて選択されます。

A点からB点までドラッグ

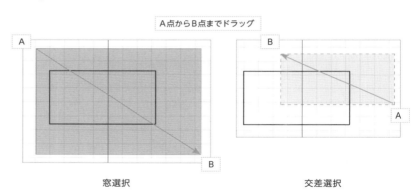

窓選択　　　　　　　　　　　　　　　　　　交差選択

演習 2-1　ジオメトリの選択と削除

次の手順にしたがって図形を描画します。

❶ ポリゴンコマンドを使用して，任意の点を中心とした，任意の向きの正三角形を描画します。
❷ 円（接線）コマンドを使用して，三角形に内接する円を描画します。
❸ 線分コマンドを使用して，正三角形の中心と頂点を結ぶ線分を描画します。

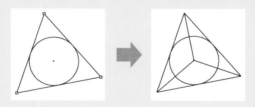

作成した図形に対し，窓選択と交差選択を実行し，Delete キーを押したとき，それぞれどのジオメトリが削除されるかを確認しましょう。

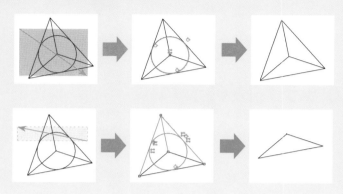

2-7 修正コマンド

移動　トリム　尺度
コピー　延長　ストレッチ
回転　分割　オフセット
修正

作成コマンドで描画したジオメトリを修正するためのコマンドは，[スケッチ]タブの[修正]パネルにまとめられています。

トリム

不要なジオメトリを削除する機能です。

❶ [修正]パネル－[トリム]ボタンをクリック→削除したいジオメトリを順次クリックします。

オフセット

ジオメトリをコピーして，元の線から一定の間隔で離れたオフセット図形を作成する機能です。

❶ 線分コマンドを使って，次ページのような三角形を描画します。
❷ [修正]パネル－[オフセット]ボタンをクリック→三角形の辺をクリック→マウスを動かして適当な大きさにしてクリックします。⇒ 元の三角形の内側に，等間隔で離れた三角形が作成されます。

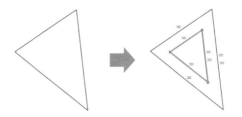

2-8 スケッチ作成の流れ

＊ただし，後述するように，ラフスケッチの途中で幾何拘束や寸法拘束を適用しながら作業を進めることも可能です。

2D スケッチは，通常，次の 3 つの手順で作成します＊。

1) ラフスケッチ：形や大きさを定めず，おおまかな形を描画する作業です。
2) 幾何拘束：幾何学的な条件を付加する作業です。
3) 寸法拘束：大きさと位置の条件を付加する作業です。

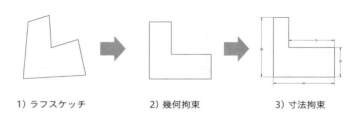

1) ラフスケッチ　　　　2) 幾何拘束　　　　3) 寸法拘束

2-9 自動拘束

ラフスケッチの描画中に，水平や垂直などの幾何拘束を付加しておくこともできます。これを自動拘束と呼びます。

❶ [線分] ボタンをクリック→GW 上で任意の位置をクリック→右にマウスを動かし，水平拘束マーク（▱）が表示されている状態でクリックします。⇒ 水平な線分が作成されます＊。

＊線分の描画中，寸法枠の数値を「150」に書き換えると，正確に 150 mm の線分が描けます（寸法拘束が付加されます）。

❷ そのまま上にマウスを動かし，直交拘束マーク（◁）が表示された状態でクリックします。⇒ 1 回目の線に直交する垂直な線分が作成されます。

❸ 始点に向けて線分を伸ばし，緑色の丸印が表示された状態でクリックします。⇒ 直角三角形が作成されました。

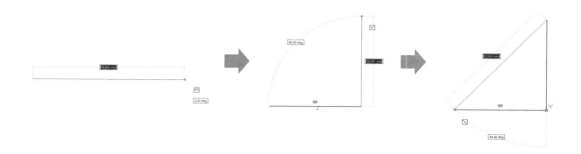

2-10 手動拘束

ラフスケッチのあと，幾何拘束をかける方法を**手動拘束**と呼びます。ただし，手動拘束を行う場合でも，ラフスケッチの段階でできるだけ目的の形状に近い形にしておいてください。ラフスケッチが目的の形状と大きく違うと，拘束をかけた結果，意図しない形状になることがあるからです。

幾何拘束には，次のものが存在します。

幾何拘束の種類

拘束の種類		内容
一致	⌐	複数の図形の端点や中点を一致したり，それらの点を線分上に配置します。
同一直線上	⅄	2つの線分／楕円軸を，同一直線上に配置します。
同心円	◎	2つの円／円弧／楕円が，同じ中心点を共有するように設定します。
固定	🔒	ジオメトリ／端点／中点などを座標平面上に固定します。
平行	∥	2つの線分や楕円軸などが，平行になるよう配置します。
直交	✕	2つの線分や楕円軸などが，直角になるよう配置します。
水平	═	線分／楕円軸／2つの点などが，スケッチ座標系のX軸と平行になるよう配置します。
垂直	∦	線分／楕円軸／2つの点などが，スケッチ座標系のY軸と平行になるよう配置します。
正接	◔	円／円弧／曲線と線分，または，円／円弧／曲線どうしが接するように配置します。
スムーズ	⟋	スプライン[*]に曲率連続拘束を適用します。
対称	[⍭]	線分や曲線を，対称線を中心に軸対称となるよう配置します。
同じ値	＝	2つの線分の長さや，円／円弧の半径を同じ値にそろえます。

[*]複数の点を結ぶ滑らかな曲線をスプラインと呼びます。

水平・垂直

線分，楕円軸，または2つの点が，「水平」の場合はスケッチ平面の横軸と，「垂直」の場合は縦軸と平行になるよう拘束します*。

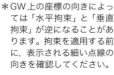

＊拘束コマンドは，GW上で右クリックして表示されるメニューから［拘束を作成］をクリックし，使用する拘束を選択する方法でも利用できます。

＊GW上の座標の向きによっては「水平拘束」と「垂直拘束」が逆になることがあります。拘束を適用する前に，表示される細い点線の向きを確認してください。

❶ 線分コマンドを使用し，適当な形の四角形を描画します。

❷ ［拘束］パネル －［垂直］ボタンをクリック→縦線となる2辺をクリックします。

❸ ［拘束］パネル －［水平］ボタンをクリック→横線となる2辺をクリックします。 ⇒ 長方形になります*。

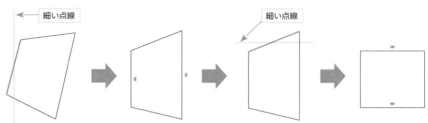

一致

複数の図形の端点や中点を一致させたり，それらの点を線分上に配置したりします。

❶ 円コマンド，長方形コマンドを使用し，適当な大きさの円と長方形を任意の位置に描画します。

❷ ［拘束］パネル －［一致］ボタンをクリック→長方形の右辺の中点にマウスカーソルを近づけ，表示された緑色の点をクリック→円の中心をクリックします。 ⇒ 2つの点が重なるよう位置関係が変化します。

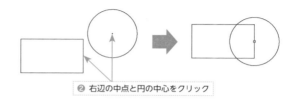

❷ 右辺の中点と円の中心をクリック

円や円弧に対する接線となるよう，線分を接続します。

❶ 円コマンド，線分コマンドを使用し，適当な大きさの円と線分を描画します。

❷ ［スケッチ］タブ － ［拘束］パネル － ［正接］ボタンをクリック→円周上の点をクリック→線分をクリックします。➡ 選択した線分が円の接線になります。

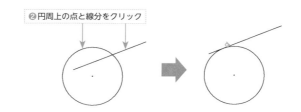

❷円周上の点と線分をクリック

2-11 寸法拘束

寸法

図形の長さや角度，座標での位置を定めることを，寸法拘束といいます。寸法拘束を行うときは，［拘束］パネルにある寸法コマンドを使用します*。

*寸法の種類は，［寸法］ボタンをクリック→ジオメトリを選択→右クリックで表示されるメニューからも選択できます。

線分の長さの指定

次の手順は，傾斜線の寸法を水平・垂直方向の長さに分解して指定する方法です。

❶ 線分コマンドで適当な大きさの直角三角形を描画します。

❷ 水平・垂直方向の長さを指定：［拘束］パネル － ［寸法］ボタンをクリック→斜辺をクリック→マウスを水平方向に動かし*，寸法線が表示された状態でクリックします。 ➡ ［寸法編集］ダイアログボックスが表示されます。→値を入力→✓ボタンをクリックします。 ➡ 寸法線の位置が確定します。引き出す方向によって水平方向と垂直方向が切り替わります。

*水平な直線，垂直な直線の場合は，線分を選択した段階ですぐに寸法線が表示されます。

水平，垂直方向の長さではなく，傾斜線の長さそのものを指定したい場合は次のようにします。

❷´傾斜線の長さを指定：[拘束] パネル － [寸法] ボタンをクリック→斜
辺をクリック→寸法線が表示されていない状態でもう1度クリックし
ます。 ⇒ 傾斜線の長さを示す寸法線が表示されます。→そのまま寸
法線を移動してクリックします。 ⇒ [寸法編集] ダイアログボックス
が表示されます。→値を入力→ ✓ ボタンをクリックします。 ⇒ 寸法
線の位置が確定します。

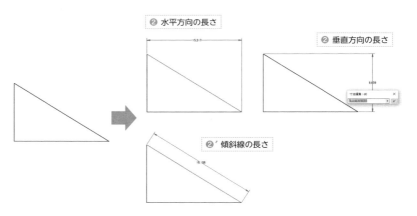

円／円弧の大きさ

円の大きさ（直径／半径）を指定する方法を示します。

❶ 円コマンドを使って，大きさの異なる円を2個，離して描画します。
❷ [スケッチ] タブ － [拘束] パネル － [水平] ボタンをクリック→2個の
円の中心をクリックします。 ⇒ 2個の円が横軸と平行に並びます。
❸ [スケッチ] タブ － [拘束] パネル － [寸法] ボタンをクリック→左の円
の円周をクリック→直径を入力します*。
❹ 右の円の円周をクリック→右クリックしてメニューから [寸法タイプ]
－ [半径] をクリック→半径を入力します。

＊円周をクリックしてから直
径を入力するまでの手順
の詳細は直角三角形の寸
法拘束と同じです。

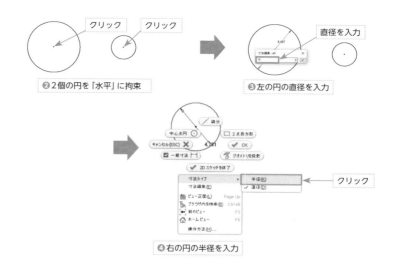

❷ 2個の円を「水平」に拘束

❸ 左の円の直径を入力

❹ 右の円の半径を入力

ジオメトリ間の距離

　寸法コマンドを選択中，連続して2つの点，点と線分／円などをクリックして選択すると，それらの距離を指定できます。

　先ほどの2つの円を使って，確認してみましょう。次のように，クリックする場所によって，距離の測定方法（中心間距離，最小距離，最大距離）が変化することに注意してください。

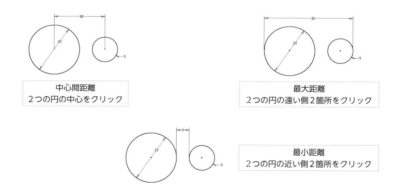

中心間距離
2つの円の中心をクリック

最大距離
2つの円の遠い側2箇所をクリック

最小距離
2つの円の近い側2箇所をクリック

角度の指定

　寸法コマンドを選択中，平行でない2つの線分を選択すると，線分間の角度を指定できます＊。

＊平行な2本の線を選択すると，線の間の距離が指定できます。

❶ 線分コマンドを使って，適当な直角三角形を描画します。

❷ ［寸法］ボタンをクリック→直角三角形の斜辺と底辺をクリック→寸法線の位置を調整してクリック→寸法枠に値を入力します。

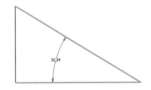

寸法の変更

　一度確定した寸法を修正するときは，寸法の値をダブルクリックして，表示された寸法枠に値を入力します。

　寸法線の位置を移動するときは，寸法線をクリックして選択してからドラッグします。

演習 2-2　　寸法拘束

次の図と同じになるよう，線分コマンドで図形を描画し，寸法拘束を適用しましょう。

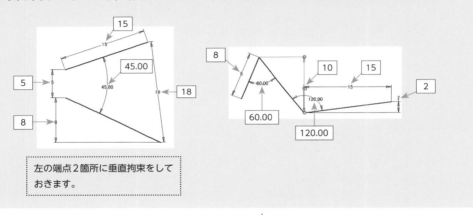

左の端点2箇所に垂直拘束をしておきます。

2-12 完全拘束

ジオメトリを投影

ジオメトリを投影

　スケッチ平面の軸や事前に作成した図形の端点など，現在のスケッチ平面にないジオメトリをスケッチ平面に投影することで，これらを拘束などに利用できるようになります。

❶ 長方形コマンドで，適当な大きさの長方形を描画します。

❷ [作成]パネル −[ジオメトリを投影]ボタンをクリック→画面左のモデルブラウザから [Origin] − [X Axis] をクリックします*。 ⇒ X軸がスケッチ平面に投影され，黄色で表示されます。

＊[Origin] の左にある [＋]
をクリックすると[X Axis]
が表示されます。なお，
「Origin」はモデル作成の
基準平面を表しています。

❸ ［スケッチ］タブ － ［拘束］パネル － ［同一直線上］ボタンをクリック→
長方形の下辺をクリック→X軸をクリックします。⇒ 長方形の下辺が
X軸に拘束されました。

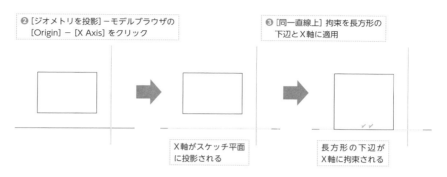

❷ ［ジオメトリを投影］－モデルブラウザの
［Origin］－［X Axis］をクリック

❸ ［同一直線上］拘束を長方形の
下辺とX軸に適用

X軸がスケッチ平面
に投影される

長方形の下辺が
X軸に拘束される

完全拘束

　幾何拘束や寸法拘束の結果，ジオメトリの自由度がなくなると線の色
が紫色に変わります。スケッチ平面上のすべてのジオメトリがこの状態
になると，ステータスバーに「完全拘束」と表示されます。

❶ 線分コマンドで下の図形を描画→一致拘束を使って，図形の右下の端
点をCPに一致させます*。

❷ その他の幾何拘束を適用します。

❸ 寸法拘束を適用します。 ⇒ 完全拘束されました。

＊CPはデフォルトでスケッ
チ平面に投影されます
が，削除した場合，［ジオ
メトリを投影］ボタンをク
リック→モデルブラウザ
内の［Origin］－［Center
Point］をクリックすると，
再度，スケッチ平面に投影
されます。

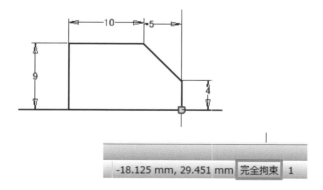

　拘束の状態は，線や端点をドラッグして動くかどうか，どのように動く
かで確認します。予期しない動きをした場合は，クイックアクセスツー
ルバーの［元に戻す］ボタンで元に戻し，拘束を追加・修正します。

2-13 拘束の表示と削除

　ここでは，拘束を表示・削除して，長方形を変形する方法を示します。まず拘束を表示してみましょう。

❶ 長方形コマンドで，適当な大きさの長方形を描画します。

❷ コマンドを選択していない状態で，GW上を右クリック→メニューから［すべての拘束を表示］を選択します。

　表示された拘束マーク上にマウスポインタを置くと，その拘束に関連付けられたジオメトリの色が変わります。

　次に，拘束を削除，変更して，図形がどのように変化するかを確認してみましょう。

❸ 長方形の上辺の水平拘束マークを右クリックして［削除］をクリック→同じ辺に垂直拘束を付加します。 ⇒ 長方形が90度回転します。

❹ 直交拘束マークの上で右クリックして［削除］をクリック→端点のみを選択＊→マウスをドラッグして平行四辺形に変形します。

❺ GW上を右クリックして［すべての拘束を非表示］をクリックします。

＊マウスを，端点の真上ではなく，わずかに離れたグレーの └ が2個表示されたところでクリックすると，ドラッグできます。うまくいかないときは，［すべての拘束を非表示］→カーソルを端点の上に合わせる→端点が赤色に変化したところでクリックすると，ドラッグできます。

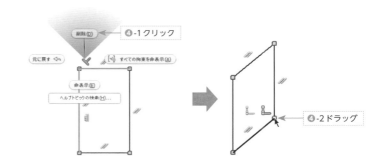

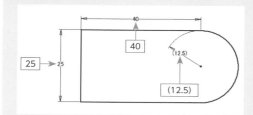

左図のスケッチを，2通りの方法で描いてみましょう。なお，図内の (12.5) は被駆動寸法を表しています。

> **被駆動寸法**：幾何拘束や他の寸法から自動的に決まる寸法をさらに指定しようとすると，このように ( ) で囲まれ，被駆動寸法として扱われます。

作成例 1

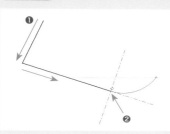

❶ 線分コマンドを使って，3箇所クリックして左のような2本の線分を引きます（線分コマンドは終了しません）。
❷ 線分の端点からドラッグして円弧を描画します。

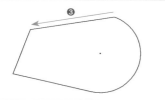

❸ 始点をクリックして，図形を閉じます。
❹ 下図を参照して幾何拘束を適用します。
❺ 寸法拘束を適用します。

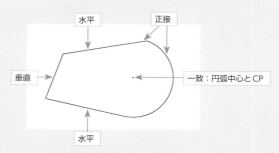

作成例 2

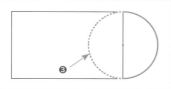

❶ 長方形コマンドを使って，長方形を描画します。
❷ 円コマンドを使って，中心点が長方形の右辺の中点と一致し，半径が端点と一致する円を描画します。
❸ ［修正］パネル－［トリム］ボタンをクリック→左側の半円をクリックして削除します。

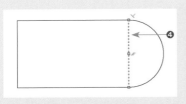

❹ 長方形の右辺をクリック → [形式] パネル－ [コンストラクション] ボタンをクリック→ [Esc] キーを押します。⇒ 右辺が構築線に変更されます。

 構築線は，立体化するときに影響しない線です。線分を構築線に変更しても，幾何拘束や寸法拘束は維持されます（ここでは半円と横線の正接関係が維持されます）。

 右辺を構築線にする代わりにトリムしてしまうと，元の長方形にあった幾何拘束がなくなるので，エッジをドラッグしたときに図形が大きく変形します。

❺ 円弧中心とCPに対し，一致拘束を適用します。　　❻ 寸法拘束を適用します。

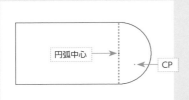

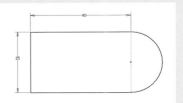

演習 2-4　スケッチの練習 2

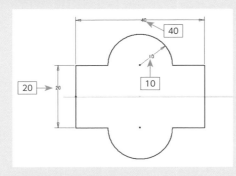

左図のようなスケッチを描いてみましょう。

作成例

❶ 長方形コマンドで，おおよそ縦 20 mm ×横 40 mm の長方形を描画します。

❷ 左辺の中点とCPに対し，一致拘束を適用します。

❸ [ジオメトリを投影] ボタンをクリックし，モデルブラウザの [Origin] － [X Axis] をスケッチ平面に投影します。

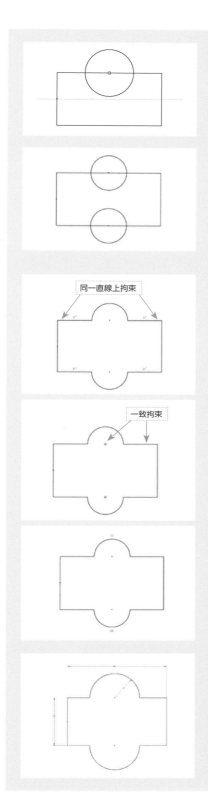

❹ 円コマンドで，長方形の上辺の中点を中心とした，おおよそ直径20mmの円を描画します。

❺ 同様に，円コマンドで，長方形の下辺の中点を中心としたおおよその直径20mmの円を描きます。

❻ [修正] パネル−[トリム] ボタンをクリック→不要線を削除します。

トリムにより，元々あった長方形の拘束がなくなりますので，幾何拘束により形状を安定化します。

❼ [拘束] パネル−[同一直線上] ボタンをクリック→上側2箇所をクリック→下側2箇所をクリックします。

❽ [拘束] パネル−[一致] ボタンをクリック→上側の半円の中心と半円に接続している横線をクリック→下側の半円の中心と半円に接続している横線をクリックします。

❾ [拘束] パネル−[同じ値] ボタンをクリック→上側の半円と下側の半円をクリックします。続けて，上の水平線の左と右，下の水平線の左と右を順番にクリックします。

❿ 寸法拘束を適用します。

第3章 パーツモデリングの基礎

本章では立体形状の基本的な作成手順について説明します。

3-1 パーツモデリングの手順

3次元形状のパーツは，通常直方体や円柱，フィレットなどいくつかの形状の積み重ねとして作成されます。このときの立体形状の最小単位のことを**フィーチャ**と呼びます。フィーチャの種類には，スケッチフィーチャと配置フィーチャがあります。

このようなフィーチャを追加・編集しながら，スケッチから立体形状のパーツを作成する工程のことを**パーツモデリング**と呼びます。パーツモデリングは，一般的に，次のような手順で行われます。

❶ ラフスケッチを作成後，幾何拘束・寸法拘束によって2次元スケッチを完成させます。

❷ 押し出しコマンドなどでスケッチを立体化します。2次元スケッチをもとに基本となる形状を作成するフィーチャを**スケッチフィーチャ**と呼びます。

❸ フィレットコマンドでパーツの角に丸みを与えるなど，モデルにさらなる形状を追加します。このような，いったん作成したモデルに加工を施すフィーチャのことを**配置フィーチャ**と呼びます。

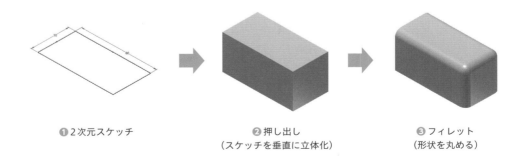

❶2次元スケッチ　　　❷押し出し　　　　　❸フィレット
　　　　　　　　　　（スケッチを垂直に立体化）　（形状を丸める）

3-2 テンプレートの作成と保存

Inventorでは，パーツ，アセンブリ，プレゼンテーションのモデリングのためのテンプレートがデフォルトとして用意されていますが，機械系のモデリング用に軸の向きを変更したテンプレートを新たに作成します。本書のモデリングでは，すべて変更したテンプレートを使用します。

パーツモデル用テンプレートの作成

❶ クイックアクセスツールバーの［新規］ボタンをクリック* ⇒ ［新規ファイルを作成］ダイアログボックスが現れます。 → [Standard.ipt]をクリック → ［作成］ボタンをクリックします。

*ホーム画面の［新規作成］をクリックする方法でも，［新規ファイルを作成］ダイアログボックスが現れます。

⇒ XY平面が現れます。3Dインジケータは ，ViewCubeは 前 です。

❷ ViewCubeの［ホームビュー］*をクリックして ，デフォルトの3Dインジケータの向きを確認します。 ⇒ ViewCubeは ，3DインジケータはY軸が上向き です。

次に，3DインジケータのZ軸を上向きに変更します。

❸ ViewCubeの［前］ をクリックしてXY平面に戻します。

❹ ViewCubeの下の△をクリック →右上の角* をクリックします。 ⇒ ViewCubeは ，3DインジケータはZ軸が上向き に変わりました。

❺ ViewCubeを右クリック→メニューから［現在のビューをホームビューに設定］→［ビューにフィット］を選択します。

❻ ViewCubeの［下］ をクリックします。 ⇒ ViewCubeが になります。

❼ ViewCubeを右クリック→メニューから [現在のビューを設定] → [正面] を選択します。 ⇒ ViewCubeが 🎲 に変わります。

次に，軸の向きを変更したテンプレートを保存します。

❽ [ファイル] をクリック→メニューから [名前を付けて保存] → [コピーをテンプレートとして保存] を選択します。

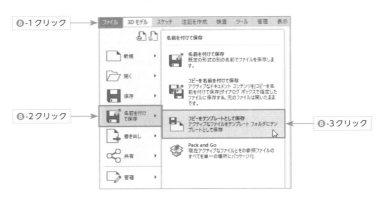

⇒ [コピーをテンプレートとして保存] ダイアログボックスが現れ，テンプレートの保存先が開きます。→ファイル名を「Z上.ipt」とし，[保存] をクリックします。

変更したテンプレート「Z上.ipt」を確認します。

❾ 前述した❶の手順に従って，[新規ファイルを作成] ダイアログボックスを表示します。→ダイアログボックス内に「Z上.ipt」が表示されていることを確認します。

❿ [キャンセル] ボタンをクリックしてダイアログボックスを閉じます。

同様の操作でアセンブリモデル用のテンプレートも作成します。

アセンブリモデル用テンプレートの作成

❶ クイックアクセスツールバーの［新規］ボタンをクリック ⇒ ［新規ファイルを作成］ダイアログボックスが現れます。→ ［Standard.iam］をクリック → ［作成］ボタンをクリックします。

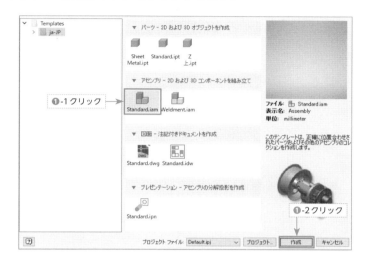

この後の操作はパーツモデルのときの❷〜❽と同じです。

❾ 保存の際のファイル名を「Z上.iam」とし，［保存］をクリックします。変更したテンプレート「Z上.iam」を確認します。

❿ 前述したパーツモデルのときの❶の手順に従って，［新規ファイルを作成］ダイアログボックスを表示します。→ダイアログボックス内に「Z上.iam」が表示されていることを確認します。

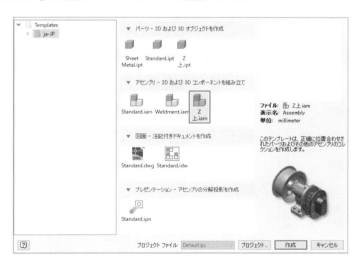

⓫ ［キャンセル］ボタンをクリックしてダイアログボックスを閉じます。

❶ クイックアクセスツールバーの [新規] ボタンをクリック ⇒ [新規ファイルを作成] ダイアログボックスが現れます。→ [Standard.ipn] をクリック → [作成] ボタンをクリックします。

＊[挿入] ダイアログボックスが表示された場合は, [キャンセル]をクリックします。

この後の操作はパーツモデルのときの❷〜❽と同じです。

❾ 保存の際のファイル名を「Z上.ipn」とし, [保存] をクリックします。変更したテンプレート「Z上.ipn」を確認します。

❿ 前述したパーツモデルのときの❶の手順に従って, [新規ファイルを作成] ダイアログボックスを表示します。→ダイアログボックス内に「Z上.ipn」が表示されていることを確認します。

⑪ [キャンセル] ボタンをクリックしてダイアログボックスを閉じます。

3-3 [3Dモデル] タブ

リボンの[3Dモデル]タブには，2次元スケッチから立体形状を作成するスケッチフィーチャと，すでに存在するモデルを修正する配置フィーチャの各コマンドが用意されています。スケッチフィーチャは主に[作成]パネル，配置フィーチャは主に[修正]パネルにまとめられています。

3-4 押し出しフィーチャ（スケッチフィーチャ）

押し出し

＊XY平面をスケッチ平面にする手順：[2Dスケッチを開始]をクリック→ViewCubeの［ホームビュー]をクリック→GWの[XY Plane]をクリックします。

断面形状を垂直方向に押し出して厚みをつけます。

❶ [3Dモデル] タブ － [2Dスケッチを開始] ボタンをクリック→XY平面をスケッチ平面にして＊20 mm四方の正方形を描きます。→ [スケッチを終了] ボタンをクリックします。

❷ [3Dモデル] タブ － [作成] パネル － [押し出し] ボタンをクリックします。 ⇒ プロパティパネルが表示されます。

❸ [距離A]を10 mmに設定 → [OK]をクリックします。 ⇒ 立体形状の完成です。

＊パーツモデルの外観については，57ページを参照。

　［押し出し］プロパティパネルで，設定可能な主なオプションを確認しておきましょう。

1) **プロファイル**：押し出す形状のことを指します。複数のスケッチが存在する場合には，対象のプロファイルを選択する必要があります。

2) **方向**：押し出す方向を指定します。

　　　　［既定］プレビューで示されている方向に押し出します。

　　　　［反転］既定とは反対方向に押し出します。

　　　　［対称］両方向に等しく押し出します。

　　　　［非対称］両方向に非対称に押し出します。

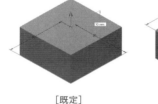　　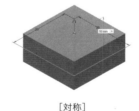　　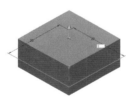

| ［既定］ | ［反転］ | ［対称］
上と下に各5 mm | ［非対称］
上に7 mm下に3 mm |

3) **距離 A**：押し出す範囲を指定します。

4) **出力**：押し出す際に，既存のフィーチャに対して行う操作を指定します。

押し出しの種類

　本節の冒頭ではスケッチから立体形状を得ましたが，すでに作成していた立体形状に対しても，押し出しフィーチャで新たな加工を施すことができます。押し出し用ベースとしては，先ほど作成した20 mm × 20 mm × 10 mmの直方体を使います。

▼(1) ■ 結合

　押し出した形状を，すでに作成していた形状に追加します。

❶ 押し出し用ベースの直方体上面に直径10 mmの円（円中心を正方形の中心と一致させます）を描画→スケッチを終了します。

❷ ［3Dモデル］タブ －［作成］パネル －［押し出し］ボタンをクリックします。 ⇒ プロパティパネルが表示されます。

❸ ［出力］の［結合］ボタンをクリック → ［方向］の［既定］ボタンをクリック → ［［距離A］を「10 mm」に設定 → ［OK］をクリックします。 ⇒ 直方体と円柱の結合が完成します。

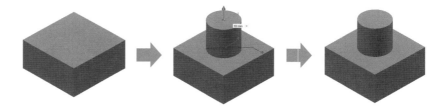

▼ (2) 🔲　切り取り

押し出した形状を，すでに作成した形状から削除します。

❶ 押し出し用ベースの直方体上面に直径10 mmの円（円中心を正方形の中心と一致させます）を描画→スケッチを終了します。

❷ ［3Dモデル］タブ －［作成］パネル －［押し出し］ボタンをクリック → ［出力］の［切り取り］ボタンをクリック → ［方向］の［反転］ボタンをクリック → ［距離A］を「5 mm」に設定 → ［OK］をクリックします。
　⇒ 直方体から円柱の部分が切り取られます。

▼ (3) ▣ 交差

押し出した形状と，すでに作成していた形状の共通部分を取り出します。

❶ 押し出し用ベースの直方体の側面に二等辺三角形（底辺20×高さ30 mm）を描画→スケッチを終了します。

❷ [3Dモデル] タブ − [作成] パネル − [押し出し] ボタンをクリック → [出力] の [交差] ボタンをクリック → [方向] の [反転] ボタンをクリック → [距離A] を「20 mm」に設定 → [OK] をクリックします。 ⇒ 直方体と三角柱の共通部分の立体形状ができます。

| 演習 3-1 | ボルトの作成 |

押し出しフィーチャを利用して，ボルトを作成してみましょう。

❶ [2Dスケッチを開始] ボタンをクリック→XZ平面に中心がCPと一致する2面幅19 mmの正六角形を描画 → [スケッチを終了] ボタンをクリックします。

❷ [押し出し] ボタンをクリック → [距離A] を「8 mm」にして [OK] ボタンをクリックします。

❸ [2Dスケッチを開始] ボタンをクリック →六角形の面をクリック →六角形の内接円を描画 → [スケッチを終了] ボタンをクリックします。

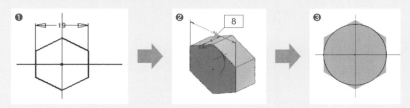

❹ [押し出し] ボタンをクリック→プロパティパネルの [プロファイル] として図面上の円を選択, [出力] では [交差], [方向] では [反転] を選択, [距離A] では「8 mm」, [テーパA] では「60 deg」に設定します。⇒ 上部が平らな円すいとなります。→ [OK] ボタンをクリックします。⇒ 六角柱との共通部分が残って, ボルト頭部が完成します。

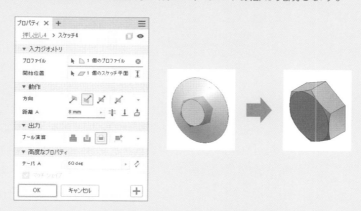

❺ [2Dスケッチを開始] ボタンをクリック→ボルト頭部の裏面を指定して2Dスケッチを開始→直径「12 mm」の円を描画 → [スケッチを終了] ボタンをクリックします。
❻ [押し出し] ボタンをクリック→プロパティパネルの[距離A]を「30 mm」に設定して[OK] ボタンをクリックします。⇒ ボルトが完成しました。→デスクトップに「六角ボルト」の名前で保存します。

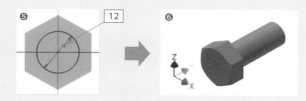

3-5 回転フィーチャ（スケッチフィーチャ）

断面形状を回転して立体形状を作成します。

❶ [2Dスケッチを開始] ボタンをクリック→XZ平面に高さ30 mm, 底辺15 mmの直角三角形を描画 → [スケッチを終了] ボタンをクリックします。
❷ [3Dモデル] タブ − [作成] パネル − [回転] ボタンをクリックします。
⇒ プロパティパネルが表示されます。

❸ [軸] の欄に水色のラインが表示され，回転軸を選択する状態になっています。[動作] の [方向] は既定がオン (水色) になっています。→直角三角形の縦の辺 (Z軸) をクリック → [OK] をクリックします。 ⇒ 円すい体の完成です。

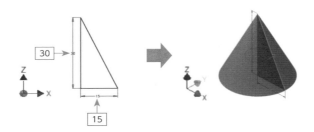

　[動作] の [角度A] の欄には初期値で360.00が入力されていますが，任意の角度を指定すると，指定に応じた角度を持つ回転体ができます。

回転の種類

　回転フィーチャでは，次のようなオプションを設定できます。

1) **プロファイル**：回転する形状を指定します。
2) **軸**：ボタンをクリック→回転の軸となる線分をクリックして，中心軸を指定します。
3) **方向**：回転する際に，既存のフィーチャに対して行う操作の内容 (既定，反転，対称，非対称) を指定します ([押し出し] の場合と同様の操作)。
4) **角度A**：「完全」を指定すると1回転します。「角度」を指定すると任意の回転角度を指定できます。

演習 3-2	フランジの作成

回転フィーチャを利用して，フランジを作成してみましょう。

❶ [2Dスケッチを開始] ボタンをクリック→XY平面に下のスケッチを描画 → [スケッチを終了] ボタンをクリックします。

❷ [3Dモデル] タブ － [作成] パネル － [回転] をクリック→プロパティパネルの [軸] が選択状態 (水色のアンダーライン) になっていることを確認→下図右の矢印で示した線を回転の中心軸として選択し，[OK] ボタンをクリックします。⇒ 立体形状が作成されます。

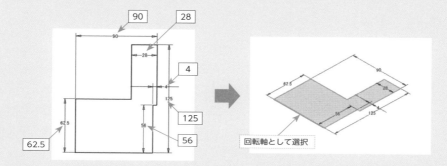

❸ [2Dスケッチを開始]ボタンをクリック→底面を選択して中心が一致する直径70 mmの円を描画 → [スケッチを終了] ボタンをクリックします。

❹ [押し出し] ボタンをクリック→プロパティパネルで [出力] では [切り取り] を選択，[方向] では [反転] を選択，[距離A] では [貫通] ￦ を選択して [OK] ボタンをクリックします。
⇒ 押し出し部分が円柱状にカットされ，軸穴ができました。

3-6 フィレットフィーチャ（配置フィーチャ）

フィレット

＊ここでは，横をX方向，縦をY方向，高さをZ方向としています。

作成したパーツの角を丸めます。

▼ (1) フィレット配置用ベースモデルの作成

❶ 縦20 mm ×横30 mm ×高さ20 mmの直方体を作成します＊。

❷ [2Dスケッチを開始] ボタンをクリック→直方体の上面をクリックして，スケッチ平面にします。

❸ 右下のコーナーに縦10 mm×横15 mmの長方形を描画→[スケッチを終了] ボタンをクリックします。

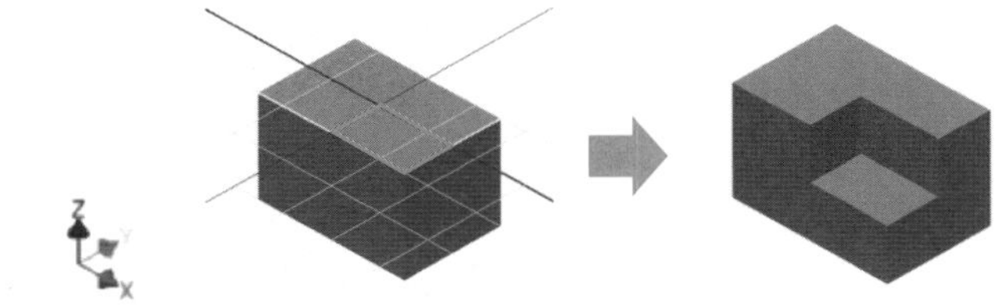

❹ [押し出し] ボタンをクリック→上面から距離10 mmを切り取ります。
⇒ フィレットを配置するベースが完成しました。

(2) フィレットフィーチャの配置

❶ [3Dモデル] タブ – [修正] パネル – [フィレット] ボタンをクリックします。 ⇒ プロパティパネルが表示されます。

❷ プロパティパネルの [エッジを選択] の半径が選択状態（水色のアンダーライン）になっていることを確認し，「2 mm」に書き換えます（数字の2だけでも可です）。

❸ 直方体の手前のエッジ2箇所をクリック → [OK] ボタンをクリックします。 ⇒ 指定したエッジにフィレットが配置されました。

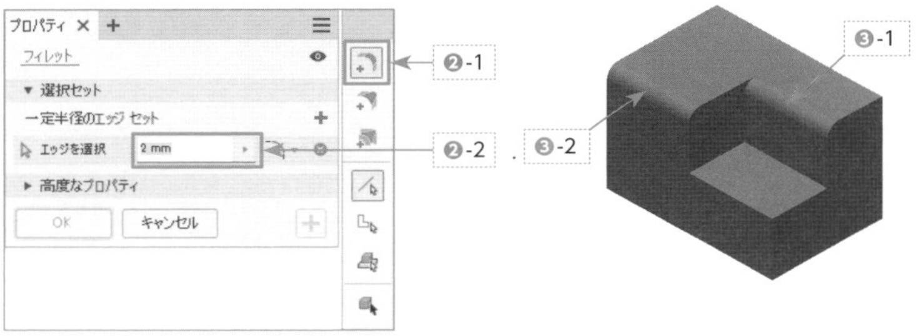

❹ ❶～❷と同様の手順でプロパティパネルの [エッジを選択] の半径を「5 mm」に書き換え→直方体の奥のエッジをクリック*→ [OK] ボタンをクリックします。

*裏面のエッジを選択するときは，自由オービットを使用して（F4 キーを押しながらでも可）モデルの位置を変えると，配置しやすくなります。

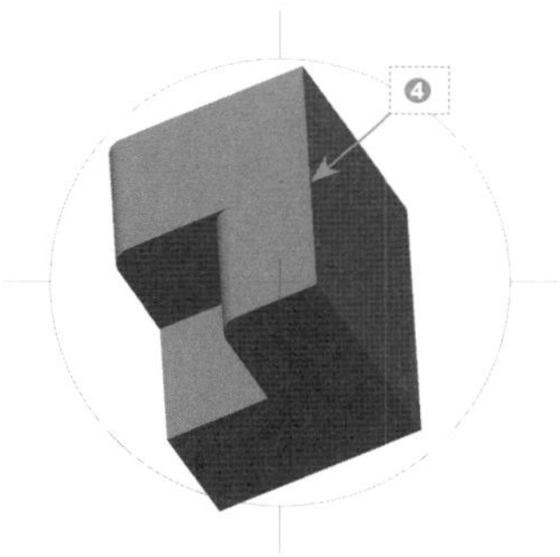

❺ ViewCubeの［ホームビュー］をクリックしてモデルの位置を戻します。 ⇒ 完成です。

3-7 面取りフィーチャ（配置フィーチャ）

 面取り

作成したパーツの角を斜めに削り取ります。

❶ 縦20 mm×横40 mm×高さ20 mmの直方体を作成します。 ⇒ 面取りのベースとなります。

❷ ［3Dモデル］タブ－［修正］パネル－［面取り］ボタンをクリックします。 ⇒ ダイアログボックスが表示されます。

❸ ［2つの距離を指定］ボタンをクリック → ［距離1］（右側面からの距離）を「3 mm」，［距離2］（上面からの距離）を「5 mm」に指定します。

＊方向 ↗ をクリックすると，距離1と距離2の面が入れ替わります。

❹ ［エッジ］をクリックしてから直方体の下図のエッジをクリック＊ → ［OK］ボタンをクリックします。 ⇒ 指定したエッジに面取りが配置されました。

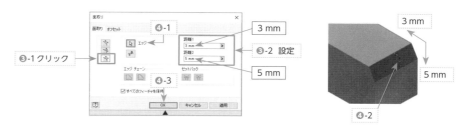

面取りの種類

指定できる面取りの種類は次のとおりです。

面取りの種類

面取りの種類	説明
距離	両面のエッジから同じオフセット距離で面取りを作成します。複数のエッジを選択可能です。
距離と角度	エッジからのオフセットと，面取りによって削られる角度（1つの面に対する角度）を指定して面取りします。
2つの距離を指定	面ごとに指定した距離で1つのエッジ上に面取りを作成します。

3-8 穴フィーチャ（配置フィーチャ）

作成したパーツ面に穴をあけます。穴をあける場所は，スケッチの「点」として描画しておきます。

① 縦20 mm×横40 mm×高さ10 mmの直方体を作成します（縦20 mm×横40 mmの長方形の中心をCPと一致させます）。

② [2Dスケッチを開始] ボタンをクリック→直方体の上面をクリックして，スケッチ平面にします。

③ [スケッチ] タブ － [作成] パネル － [点] ボタンをクリック→長方形の左から10 mm，上から10 mmに点を描画 → [スケッチを終了] ボタンをクリックします。

④ [修正] パネル － [穴] ボタンをクリックします。⇒ プロパティパネルが表示されます。→ [穴タイプ] を「単純穴」，[終端] を「距離」，[先端角度] を「角度」，[穴の深さ] を「8 mm」，[直径] を「3 mm」に指定 → [OK] ボタンをクリックします。⇒ 穴があきました。

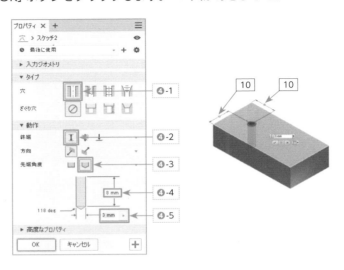

穴タイプの種類

指定できる穴タイプの種類は次のとおりです。

1）単純穴

2）ボルト穴

3）ねじ穴

4）テーパねじ穴

5）ざぐり

6）ざぐり（SF）

7）皿面取り

❶ モデルブラウザにて［穴1］を右クリック→メニューから［フィーチャ
編集］をクリックします。 ⇒ プロパティパネルが表示されます。

❷ 次の図を参照して[タイプ]を「ねじ穴」，ねじの[タイプ]を「ISO Metric profile」，[サイズ]を3，[呼び径]を「M3×0.5」，[終端]を「貫通」に設定 → [OK] ボタンをクリックします。

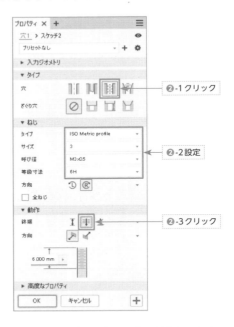

❸ 同様の方法で，上面の中央にざぐり穴を配置します。寸法は下図を参照してください。

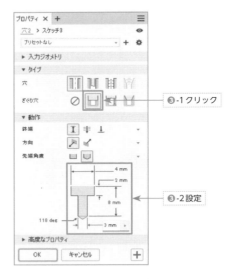

❹ 同様に，上面の右から 10 mm の位置に皿面取り穴を配置します。寸法
は下図を参照してください。

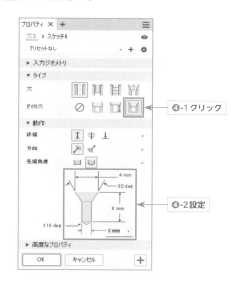

作成した 3 個の穴の断面を確認してみましょう。

＊手順のとおり作業を進める
と［スケッチ 5］となりま
す。

＊確認したあと，スケッチを
終了し，［スケッチ 5］を右
クリックして，メニューか
ら［削除］をクリックしま
す。

❺ ［2D スケッチを開始］ボタンをクリック→モデルブラウザの［Origin］
－［XZ Plane］をクリック→モデルブラウザの［スケッチ 5］*を右ク
リックしてメニューから［切断して表示］をクリックします。 ⇒ モデ
ルを XZ 平面で切断した状態が表示されるので，作成した穴の形状が確
認できます*。

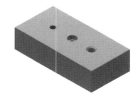

3-9 シェルフィーチャ（配置フィーチャ）

シェル

パーツの内側にある材料を除去して空洞化します。

シェルフィーチャの配置

❶ 縦20 mm×横40 mm×高さ10 mmの直方体を作成します。

❷ [3Dモデル] タブ −［修正］パネル −［シェル］ボタンをクリックします。 ⇒ ダイアログボックスが表示されます。［除去する面］が選択された（色が変化している）状態です。→［厚さ］を「1 mm」とし，上面（除去する面）をクリック →［OK］ボタンをクリックします。 ⇒ 底付き箱の完成です。

 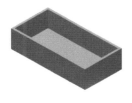

この状態から，さらに側面の一部を除去することもできます。

❸ モデルブラウザの［シェル1］を右クリックし，メニューから［フィーチャ編集］を選択します。

❹ ダイアログボックスで［除去する面］をクリック→箱の手前側面をクリック →［OK］ボタンをクリックします。⇒ 手前側面のない底付き箱の完成です。

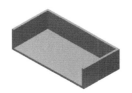

3-10 矩形状パターンフィーチャ（配置フィーチャ）

▫▪▫ 矩形状

パーツ内のフィーチャをコピーして矩形状に複数配置します。

▌(1) ベースの作成

❶ 縦60 mm×横100 mm×高さ10 mmの直方体を作成します。

❷ 図の位置に直径15 mm，高さ5 mm，頭部に半径2 mmのフィレットを配置した円柱を作成します。⇒ パターンを配置する準備ができました。

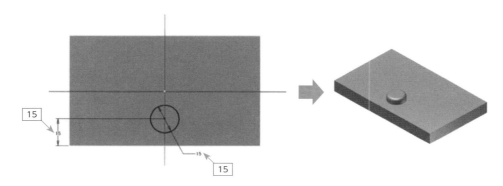

▌(2) 矩形状パターンフィーチャの配置

❶ [3Dモデル]－[パターン]パネル－[矩形状パターン]ボタンをクリックします。⇒ ダイアログボックスが表示されます。

❷ [フィーチャ] ボタンが選択された（色が変化している）状態で，モデルブラウザの [押し出し2] をクリック→ Shift キーを押しながら [フィレット1] をクリックします。⇒ フィレットと円柱が選択されます＊。

＊GW内の該当部分（フィレットと円柱）をクリックして選択することも可能です。

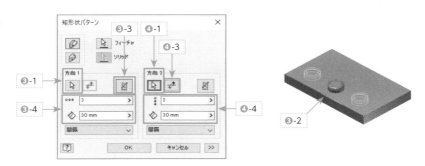

❸ ダイアログボックスの [方向1] ボタンをクリック→図形の左側のエッジ（❸-2）をクリック → [中立面] を選択して，[列数] を「3」，[列間隔] を「30 mm」に設定します。

④ [方向2] ボタンをクリック→図形の手前のエッジ（④-2）をクリック →
[反転] をクリック→上面に6個の円が並ぶよう [行数] を「2」，[行間
隔] を「30 mm」にします → [OK] ボタンをクリックします。⇒ 完成
です。

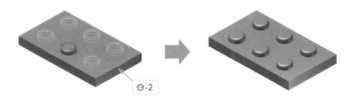

3-11 円形状パターンフィーチャ（配置フィーチャ）

⚙️ 円形状　　パーツ内のフィーチャをコピーして円形状に配置します。

▼（1）ベースの作成

❶ XY平面に，CPを中心とした直径150 mmと直径60 mmの円を描画
してスケッチを終了 → [押し出し] ボタンをクリック→円環部を距離
20 mm押し出します。

❷ 円環の上面をスケッチ平面とし，CPを中心とした直径100 mmの円
を描画 → [ジオメトリを投影] ボタンをクリック→直径150 mmの円
をクリック → [スケッチを終了] ボタンをクリック → [押し出し] ボタ
ンをクリック→外側の円環を3 mm切り取ります。

❸ [2Dスケッチを開始] ボタンをクリック→外側円環の上面をクリック
→ [スケッチ] タブ － [作成] パネル － [ジオメトリを投影] ボタンを
クリック→モデルブラウザの [Origin] － [X Axis] をクリックします。

❹ 一番外側の円とX軸の交点を中心とした直径20 mmの円を描画 →
[スケッチを終了] ボタンをクリックします。

❺ [押し出し] ボタンをクリック→貫通穴をあけます。

▼（2）円形状パターンフィーチャの配置

❶ [3Dモデル] タブ － [パターン] パネル － [円形状パターン] ボタンを
クリックします。⇒ ダイアログボックスが表示されます。

❷ [フィーチャ] ボタンが選択されているのを確認して，コピーする穴を

選択します。

❸ [回転軸] ボタンをクリック→GW画面でCPを中心とする円のどれか
を選択 → [配置] として [数] を「6」，[角度] を「360 deg」に設定 →
[OK] ボタンをクリックします。⇒ 完成です。

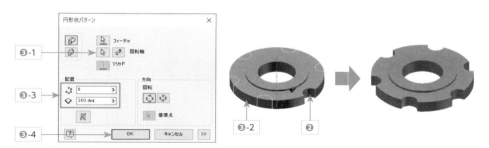

3-12 コイルフィーチャ（スケッチフィーチャ）

🐚 コイル　　　　　　指定した軌跡（パス）に対し，らせん状のコイル形状を作成します。

❶ XY平面に，中心がCPから15 mmのY軸上にあって，直径が6 mmの
円を描画し，スケッチを終了します。

❷ [3Dモデル] タブ － [作成] パネル － [コイル] ボタンをクリックしま
す。⇒ プロパティパネルが表示されます（[プロファイル]はさきほど
描画した円が選択されています）。→ [軸] ボタンを選択してモデルブ
ラウザの [Origin] － [X Axis] をクリックします。

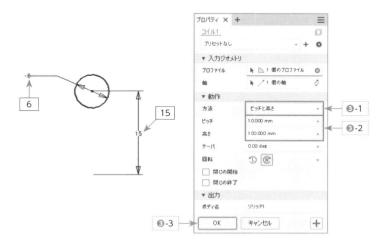

＊コイルのタイプとして，
「ピッチと高さ」「ピッチと
巻数」「巻数と高さ」「スパ
イラル」が選択できます。

❸ [動作] の [方法] で，「ピッチと高さ」を選択し＊，それぞれ「10 mm」
と「100 mm」に設定 → [OK] ボタンをクリックします。⇒ コイルが
できました。

3-13 ねじフィーチャ（配置フィーチャ）

🔩 ねじ

穴の内部や円柱に，ねじ溝を作成します。

❶ 演習3-1で作成したファイル「六角ボルト」を読み込みます。

❷ 円柱部の先端に1mmの面取りを配置します。

面取り

❸ [3Dモデル] タブ − [修正] パネル − [ねじ] ボタンをクリック→ねじ溝を作成する面を選択するために，ねじの円柱部をクリックします*。

*ねじ溝の長さを指定したい場合は，プロパティパネルの [全体ねじ] ﹅をオフにして，値を入力します。

④-1
④-2

❹ プロパティパネルの[タイプ]で，プルダウンメニューから[ISO Metric Profile]を選択 → [OK]ボタンをクリックします。 ⇒ ねじ溝ができました。

3-14 ミラーフィーチャ（配置フィーチャ）

⚠ ミラー

パーツ内のフィーチャを，対称面に対して反転コピーします。複雑な対称フィーチャを効率的に作成することができます。

▌(1) ベースパーツの作成

❶ XZ平面に，中心をCPと一致させた直径20 mmの円を描画してスケッチを終了 → [押し出し] ボタンをクリック→高さ10 mmの円柱を作成します。

❷ 円柱のいずれかの底面をスケッチ平面として，中心をCPと一致させた直径15 mmの円を描画してスケッチを終了 → [押し出し] ボタンをクリック→高さ20 mm×テーパAが5 deg*のテーパー円柱を作成します。

＊傾斜度：演習3-1で解説。

❸ ❷で作成したテーパー円柱の底面をスケッチ平面として，中心をCPと一致させた直径10 mmの円を描画してスケッチを終了 → [押し出し] ボタンをクリック→高さ10 mmの円柱を作成します。

▌(2) ミラーフィーチャの配置

❶ [3Dモデル] タブ － [パターン] パネル － [ミラー] ボタンをクリックします。 ⇒ ダイアログボックスが表示されます。

❷ [フィーチャ] ボタンを選択してから，すべての円柱を選択（[Ctrl] キーを押しながらモデルブラウザの [押し出し1]［押し出し2］［押し出し3] をクリック）→ [対称面] ボタンを選択してから，モデルブラウザの [Origin] － [XZ Plane] をクリック → [OK] ボタンをクリックします。⇒ 完成です。

3-15 リブフィーチャ（スケッチフィーチャ）

📐 リブ

開いたスケッチプロファイルとパーツ面の間で閉じたプロファイルを押し出します。

▌(1) ベースパーツの作成

❶ XZ平面に，高さ15 mm，幅10 mm，厚さ2 mmのL字図形を描画してスケッチを終了 → [押し出し] ボタンをクリック→両側に10 mm押し出します。

❷ [2Dスケッチを開始] ボタンをクリック→モデルブラウザの [XZ Plane] をクリックします。⇒ スケッチ平面がXZ平面になります。

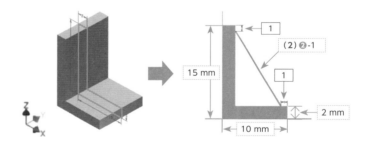

▌(2) リブフィーチャの配置

❸ [スケッチ] タブ － [作成] パネル － [線分] ボタンを使って，壁の内側と底面のそれぞれ1 mm内側の点をつないだ斜めの線を描画 → [スケッチを終了] ボタンをクリックします。

▌(2) リブフィーチャの配置

❶ [3Dモデル] タブ － [作成] パネル － [リブ] ボタンをクリックします。⇒ ダイアログボックスが表示されます。

❷ [プロファイル] を選択し，GW上の先ほどの斜線を選択（上図❷-1）→ [スケッチ平面と平行]（❷-2）をクリックします。

❸ リブの方向を［両側］に，［厚さ］を「1 mm」に設定 → ［OK］ボタンを
クリックします。 ⇒ 完成です。

3-16 フィーチャの選択とパーツの修正

すでに作成したフィーチャを選択し，寸法を修正します。

モデルブラウザには，スケッチやフィーチャの作成手順の履歴が表示
されるので，ここからフィーチャを選択できます。まず3つの押し出し
フィーチャによってパーツを作成し，その後パーツの寸法を変更します。

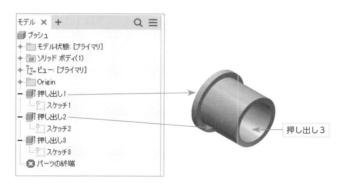

▌（1）パーツの作成

❶ YZ平面に直径30 mmの円を描画（スケッチ1）→ 3 mm押し出し（押
し出し1），円板を作成します。

❷ 円板の上に直径25 mmの同心円を描画（スケッチ2）→ 22 mm押し出
し（押し出し2），円柱を作成します。

❸ 円柱の上に直径20 mmの同心円を描画（スケッチ3）→ ［押し出し］ダ
イアログボックスを開き，［出力］を［切り取り］，［距離A］を「貫通」に
設定して貫通穴をあけます（押し出し3）。

▼（2）パーツの修正

次に，モデルブラウザからスケッチやフィーチャを選択し，パーツを修正してみましょう。

❶ モデルブラウザの[押し出し1]ボタンを右クリック→メニューから[スケッチ編集]を選択→円の直径「30 mm」を「40 mm」に変えます。

❷ モデルブラウザの [押し出し1] ボタンを右クリック → [フィーチャ編集] を選択 → [押し出し距離] を「3 mm」から「5 mm」に変えます。
⇒ 下図のようにパーツが修正されました。→ デスクトップに「ブッシュ1」の名前で保存します。

ブッシュ 1

3-17 パーツモデルの外観

パーツモデルの外観（見た目）は，デフォルトでは「既定」が指定されていますが，適切な外観を選択すると部品を実際に製作したときの姿をイメージするのが容易になります。ここでは，先ほど作成した「ブッシュ1」の外観を変更してみましょう。

❶ 前節で作成した「ブッシュ1」のファイルを開きます。

❷ クイックアクセスツールバーの[外観]リストボックスの[▼]をクリックし，[クリア-青]をクリックします。⇒ パーツ全体が透明の青色に変更されました*。

＊クリア-青を選択すると，表示色の頭に＊が付きます。＊は，選択した「材料」に対して，対応する外観以外のものを選択していることを意味しています。
材料と対応した外観を選択する場合は，プルダウンの選択肢の中から「オーバーライドをクリア」を選択します。このモデルの材料は，「一般」ですので，対応した外観は「既定」に変更されます。

＊パーツの一部の外観のみ変更したい場合は，モデルブラウザの任意の[押し出し]を選択して右クリック→[プロパティ]の[フィーチャの外観］で変更します。

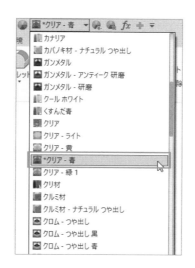

本書のパーツモデルの外観設定

　本書では，見やすさを考慮して，パーツモデルの外観の設定（照明スタイル，表示スタイル，影）をデフォルトから変更しています。

　本書のパーツモデルの外観と一致させるには，設定を変更する必要があります。

*❶と❷の設定はパーツ
ファイルには保存されま
せんので，ファイルを読み
込むたびに変更を行う必
要があります。

❶ [表示] タブ － [外観] パネル － [表示スタイル] のプルダウンメニューから，[シェーディング] に変更します。

❷ [表示] タブ － [外観] パネル － [影] のプルダウンメニューから，[間接光の影] のチェックを外します。

❸ [表示] タブ － [外観] パネル － [照明スタイル] のプルダウンメニューから，[two Lights] に変更します。

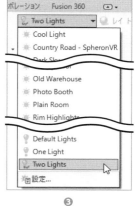

❶　　　　　　　❷　　　　　　　❸

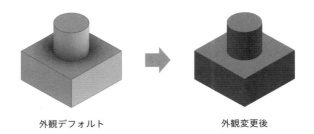

外観デフォルト　　　　　　　　　　　外観変更後

フィーチャー番号とスケッチ番号の変更

　モデルの修正を行ううちに，スケッチ番号やフィーチャー番号が増えていきます。番号を修正するときには，次のようにします．

❶ モデルブラウザのフィーチャーをクリック→❷青色に変化したところでクリック→❸水色に変化したところでクリック→❹番号を変更します。

　スケッチ番号を変更するときも同じ操作です。

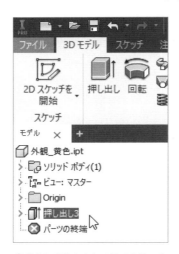

❷青色に変化したところでクリック

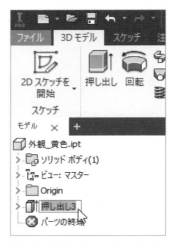

❸水色に変化したところでクリック

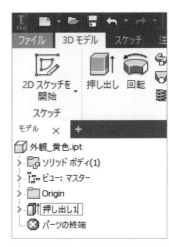

❹番号を変更

第 4 章　作業フィーチャを使った
パーツモデリング

本章では，作業フィーチャを使ったパーツモデリングについて説明します。

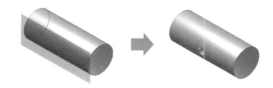

4-1　作業フィーチャ

作業フィーチャとは，任意の位置にユーザーが定義した平面／軸／点のことです。例えば，円柱の側面に穴を開ける場合，既存のモデル上には適当な平面がありません。そのような場合，作業フィーチャとして円柱に接する作業平面を作成すれば，そこにスケッチを描くことができます。

作業平面の作成手順

▼ (1) ベースパーツの作成

❶ YZ平面に，CPを中心とした直径20 mmの円を描画してスケッチを終了 → [3Dモデル] タブ － [作成] パネル － [押し出し] ボタンをクリック→40 mm押し出して円柱を作成します。

▼ (2) 作業平面の作成

＊(2) ❶と❷は手順が逆でも，同じ場所に作業平面が作成されます。

❶ モデルブラウザの [Origin] － [XZ Plane] をクリックします。 ⇒ 円柱内にXZ平面が表示されます。

❷ [3Dモデル] タブ － [作業フィーチャ] パネル － [平面] ボタンをクリック→図形の手前側の円柱表面をクリックします。 ⇒ 円柱表面に接した作業平面が表示されます。

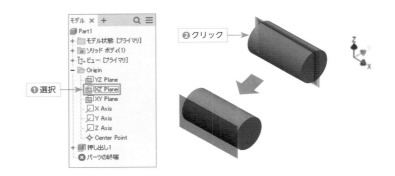

それでは，先ほど作成した作業平面上に円を描画し，円柱に穴を開けてみましょう。

▼ (1) 作業平面でのスケッチ作成

❶ [2Dスケッチを開始] ボタンをクリック→作業平面のエッジをクリックします。 ⇒ 作業平面がスケッチ平面になります。

❷ [スケッチ] タブ－ [ジオメトリを投影] ボタンをクリック→円柱の上側の横線と左側の縦線をクリックします。⇒ 指定した2本の線がスケッチ平面に投影されます。→右クリック → [OK] ボタンをクリックします。

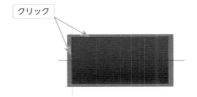

▼ (2) 穴あけ

❶ 長方形の中心に，直径5 mmの円を描画（長方形上横線の中点と円の中心との垂直拘束，左縦線の中点と円の中心との水平拘束のあと，寸法拘束します*）→スケッチを終了します。

❷ [押し出し] ボタンをクリック → [出力] を [切り取り]，[距離] を「貫通」にして穴を作成します。

*穴の中心位置に「点」を描画してスケッチを終了→[穴]ボタンをクリック→直径5 mmの貫通，単純穴を作成する方法でも同じように穴をあけられます。

❸ 作業平面エッジを右クリック → [表示設定] のチェックをはずします。

⇒ 作業平面が画面上から消えます。

❸-1 右クリック　　　　　　　　　　　　　❸-2 チェックをはずす

4-2 オフセット作業平面

XY平面などの基準平面や，既存の作業平面と平行な位置に距離を指定して作成する作業平面をオフセット作業平面といいます。

▌(1) ベースパーツの作成

❶ 4-1節と同じ円柱（底面：YZ平面，中心：CP，直径20 mm，高さ40 mm）を作成します。

▌(2) 作業平面の作成

❶ モデルブラウザの [Origin] － [XZ Plane] をクリックします。⇒ 円柱内にXZ平面が表示されます。

❷ [作業フィーチャ]パネル －[平面]ボタンのプルダウンメニュー*の[平面からのオフセット]ボタンをクリックします。⇒ オフセット平面とミニメニューが表示されます。

❸ [オフセット距離] に「-20 mm」と入力します。⇒ オフセット作業平面が作成されます。→ [OK] のチェックボタンをクリックします。

*

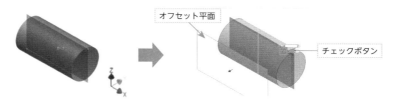

オフセット平面

チェックボタン

❹ [2Dスケッチを開始] ボタンをクリック→ ❸ で作成したオフセット作業平面のエッジをクリックします。⇒ 作業平面がスケッチ平面になります。

❺ 長方形の中心に直径15 mmの円を描画して，スケッチを終了します。

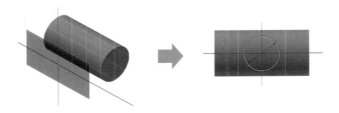

❻ [押し出し] ボタンをクリック→円柱側面に向かう方向に，[距離] を
「次へ」にして，円を押し出します。

❼ 作業平面のエッジを右クリック → [表示設定] のチェックをはずしま
す。 ⇒ 完成です。

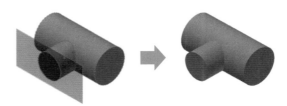

4-3 傾斜作業平面

既存の面から傾斜した作業平面を，角度を指定して作成してみましょう。

▌(1) ベースパーツの作成
❶ 直方体 (X方向50 mm×Y方向40 mm×Z方向10 mm) を作成しま
す。

▌(2) 作業平面の作成
❶ [3Dモデル] タブ － [作業フィーチャ] パネル － [平面] ボタンのプル
ダウンメニューから [エッジ周囲の平面の角度] ボタンをクリック→直
方体の上面をクリックします。

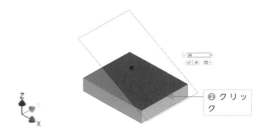

❷ クリック

❷ 上図のエッジをクリック→角度「30 deg」を入力します。 ⇒ 傾斜作業
平面が作成されました。→ [OK] のチェックボタンをクリックします。

❸ [2Dスケッチを開始] ボタンをクリック→傾斜平面のエッジをクリックします。 ⇒ 作成した作業平面がスケッチ平面になりました。

❹ ベースパーツの上面下部のエッジと1辺が重なり，もう1方向の長さが「30 mm」の長方形を描画し*，スケッチを終了します。

❺ [押し出し] をクリック →「距離」「10 mm」を指定して下側に押し出します。

❻ 作業平面のエッジを右クリック → [表示設定] のチェックをはずします。 ⇒ 完成です。

*スケッチ平面を作成したあと，ViewCube の [ホームビュー] をクリックすると，ベースパーツとスケッチ平面の関係が図のようになります。

長方形と重なるエッジ

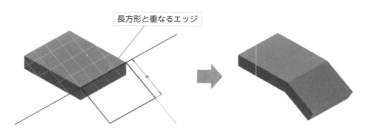

4-4 切断面の利用

切断面を利用して，ベースとなるパーツに切り込みなどを入れます。上面のみ，あるいはパーツ周囲全体に切り込みが入れられます。

切断面作成の手順

▼ (1) ベースパーツの作成

❶ YZ平面に，CPを中心とした直径20 mmの円を描画してスケッチを終了 → [押し出し] ボタンをクリック→ 80 mm押し出します。

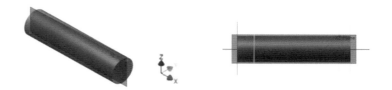

❷ [2Dスケッチを開始] ボタンをクリック→モデルブラウザの [Origin] － [XZ Plane] をクリックします。

❸ モデルブラウザの [スケッチ2] を右クリック → [切断して表示] をクリックします。 ⇒ 切断面が表示されます。

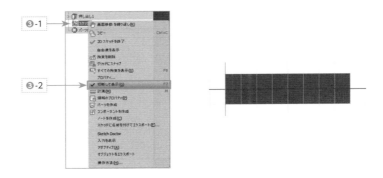

▼ (2) 切断面を利用したスケッチとフィーチャ

① [ジオメトリを投影] をクリック→上側の横線と左側の縦線をクリック →右クリックして [OK] ボタンをクリックします。

② 左側に長方形 (7 mm × 3 mm) を描いたあと，スケッチを終了します。

③ [押し出し] をクリック → [両側] 方向に「貫通」で切り取ります。

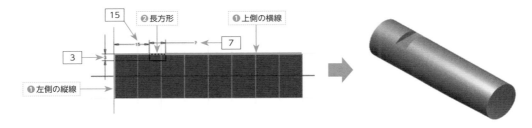

④ [2Dスケッチを開始] をクリック→モデルブラウザの [XZ Plane] をク リックします。

⑤ (1) −③と同様に，切断面を表示してから，[ジオメトリを投影] をク リック→上側の横線と右側の縦線をクリック→右クリックして [OK] ボタンをクリック→右側に直径5 mmの円を描き，スケッチを終了し ます。

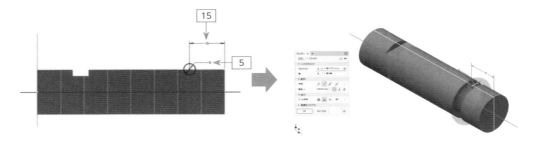

⑥ [3D モデル] タブ−[作成] パネル − [回転] をクリック → [プロファ イル] に円を，[軸] をモデルブラウザの [X Axis] に，[角度] を「完全 (360 deg)」に設定して切り取ります。⇒ 完成です。

4-5 スイープフィーチャ

🗐 スイープ

パスと断面となる平面図形を指定して，パス上を断面が移動したときの形状を立体として作成します。

▼ (1) パスの作成

❶ XY平面に下図左のスケッチを描画し（線分コマンドで垂直線と水平線を描画したあと，5 mmのフィレットを適用），スケッチを終了します[*]。

*「スイープフィーチャ」と「ロフトフィーチャ」はスケッチフィーチャですが，作成工程で作業フィーチャを使用するため，ここで解説します。

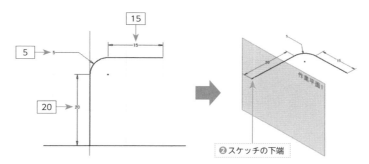

❷ [3Dモデル]タブ－[作業フィーチャ]パネル－[平面]ボタンをクリック→モデルブラウザの [Origin] － [XZ Plane] をクリック→スケッチの下端をクリックします。 ⇒ 作業平面が作成されます。

❸ [2Dスケッチを開始] ボタンをクリック→作業平面のエッジをクリックします。 ⇒ 作業平面がスケッチ平面になります。

▼ (2) 断面の作成

❶ パスの端点を中心とした直径3 mmと2 mmの円を描画して，スケッチを終了します。

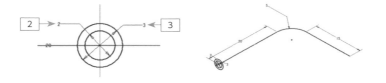

❷ 作業平面のエッジを右クリックして [表示設定] のチェックをはずします。

❸ [3Dモデル] タブ − [作成] パネル − [スイープ] をクリック → [プロファイル] を選択して円環部をクリック → [パス] を選択してL字の線分をクリック → [OK] ボタンをクリックします。 ⇒ 完成です。

4-6 ロフトフィーチャ

　2つ以上の断面プロファイルを滑らかにつなぎ合わせた立体を作成します。

断面プロファイルをつなぎ合わせる手順

❶ XZ平面にCPを中心とする下の楕円を描画して，スケッチを終了します。

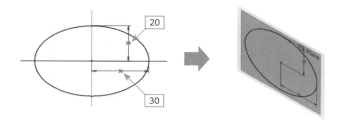

❷ [3Dモデル] タブ − [作業フィーチャ] パネル − [平面] ボタンをクリックします。

❸ モデルブラウザの [Origin] − [XZ Plane] をクリック→GW内のXZ Planeをクリックして奥行き方向にドラッグ→寸法枠に「50」と入力します。 ⇒ オフセット作業平面が作成されます。

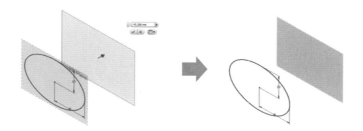

❹ ［2Dスケッチを開始］ボタンをクリック→オフセット作業平面をクリックします。 ⇒ オフセット作業平面がスケッチ平面となります。

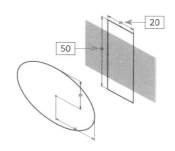

❺ スケッチ平面に，上図のようにCPを中心とする縦50 mm×横20 mmの長方形を描画して，スケッチを終了します。

❻ 作業平面にカーソルを近づけ，右クリックしてメニューから［表示設定］のチェックをはずします。

❼ ［3Dモデル］タブ － ［作成］パネル － ［ロフト］ボタンをクリック→2つのスケッチを選択します。⇒ 指定した2つのプロファイルをつなぎ合わせた形状が作成されます。

第5章

パーツモデリング実践

　本章では，これまで学習したパーツモデリングの技法を使って，「軸受クランプ」の各パーツを作成します。なお，ここで紹介する手順は作成例のひとつであり，実際にはこのほかにも数多くの方法があります。本章の内容をひととおり確認したあと，ぜひ別の方法でも作成してみてください。122ページに部品図が掲載されています。

①ボルト　　②平行ピンA　　③平行ピンB　　④ハンドル

⑤キャップ　　　　　⑥クランプ台

5-1　ボルト

❶ [2Dスケッチを開始] ボタンをクリック→ ViewCube の [ホームビュー] をクリック→YZ平面に，CPを中心とした直径12 mmの円を描画し，[スケッチを終了] ボタンをクリックしてスケッチを終了（以降，「[スケッチを終了] ボタンをクリック」は省略します）→[押し出し] ボタンをクリックして，18 mm押し出します。

❷ [2Dスケッチを開始] ボタンをクリック→❶で作成した円柱の底面をクリック→CPを中心とした直径8 mmの円を描画→スケッチを終了します。

❸ [押し出し] ボタンをクリック→37 mm 押し出して細い円柱を作成します。

❹ [3Dモデル] タブ － [修正] パネル － [ねじ] ボタンをクリックします。
⇒ プロパティパネルが表示されます。

❺ ❶で作成した直径12 mm の円柱側面をクリックします。

❻ [ねじ] の [タイプ] を「ISO Metric Profile」，[サイズ] を「12」，[呼び径] を「M12×1.75」，[等級寸法] を「6g」として，[方向] の「右ねじ」を確認 → [OK] ボタンをクリックします。⇒ 左側の円柱にねじ形状が作成されます。

❼ 再度 [ねじ] ボタンをクリック→❸で作成した直径8 mm の円柱側面をクリックします。[動作] の [深さ] の右側にあるボタンをクリックして「全ねじはオフ」にします。[深さ] は10 mm，[オフセット] は27 mm を入力します。

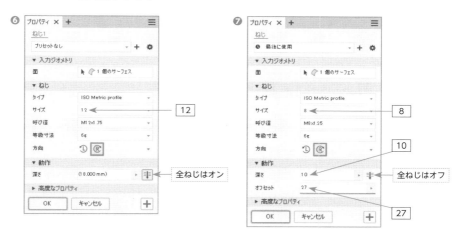

❽ [ねじ] の [タイプ] を「ISO Metric Profile」，[サイズ] を「8」，[呼び径] を「M8×1.25」，[等級寸法] を「6g」，[方向] の右ねじを確認 → [OK] ボタンをクリックします。⇒ 右側にねじが作成されます。

⑨ [作業フィーチャ] パネル － [平面] ボタンをクリック→モデルブラウザの [Origin] － [XZ Plane] をクリック→❸で作成した右側円柱 (直径8mm) 側面をクリックして作業平面を作成します。

⑩ [2Dスケッチを開始] ボタンをクリック→先ほど作成した作業平面のエッジをクリックします。⇒ スケッチ平面が作成されます。

⑪ 円柱の中心線上，右端から5 mmの位置に点を描画して，スケッチを終了します。

⑫ [穴] ボタンをクリックし，直径3 mmの単純穴を追加→作業平面のエッジを右クリックして [表示設定] のチェックをはずします。

⑬ [面取り] ボタンをクリック → [距離] モードで左端を1.2 mm, 右端を0.8 mm面取りします。

⑭ クイックアクセスツールバーで，材料を [鋼、炭素鋼]，外観を [鋼] に設定します*。

⑮ デスクトップに「ボルト」の名前で保存します。

＊材料を指定する場合は，[ファイル] タブ－[iProperty] をクリック→[物理情報] タブの [材料] で，メニューから適当な材質を選択→ [適用] ボタンをクリック→[閉じる]ボタンをクリックしてもできます。

5-2 平行ピンA

❶ YZ平面に，CPを中心とした直径5 mmの円を描画して，スケッチを終了します。

❷ [押し出し] ボタンをクリック→円を32 mm押し出します。

❸ [面取り] ボタンをクリック→左右の端を1 mmずつ面取りします。

❹ 材料を [銅、合金]，外観を [黄] に設定します。

❺ デスクトップに「平行ピンA」の名前で保存します。

5-3 平行ピンB

❶ YZ平面に，CPを中心とした直径3 mmの円を描画して，スケッチを終了します。

❷ ［押し出し］ボタンをクリック→円を18 mm押し出します。

❸ ［面取り］ボタンをクリック→左右の端を0.5 mmずつ面取りします。

❹ 材料を［銅、合金］，外観を［黄］に設定します。

❺ デスクトップに「平行ピンB」の名前で保存します。

5-4 ハンドル

❶ XY平面に下の五角形を描画し，左下の頂点をCPと［一致拘束］して，スケッチを終了します。　⇒ ハンドルのソケット部分になります。

❷ ［回転］ボタンをクリック → ［軸］を五角形の底部の線，［角度］を「完全」にして回転図形を作成します。

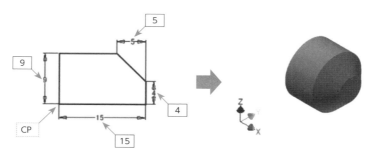

❸ ［2Dスケッチを開始］ボタンをクリック→モデルブラウザの［Origin］－［XZ Plane］をクリックします。

❹ GW上の任意の位置で右クリックして，メニュー*から［切断して表示］をクリックします。　⇒ ソケットの断面が表示されます。

❺ ［ジオメトリを投影］をクリック→モデルブラウザの［Origin］－［X Axis］，ソケット右縦線を順にクリック → ［線分］ボタンをクリック→ソケットの右縦線の中点を開始点として次の左図のような折れ線を描画します。

＊モデルブラウザの［スケッチ2］を右クリックすることでも同じメニューが表示されます。

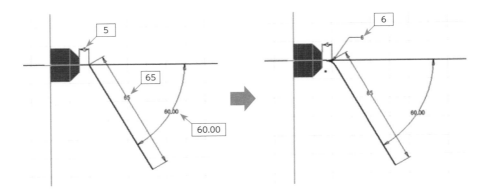

⑥ ［寸法］ボタンをクリックして寸法を拘束し，描画した折れ線に 6 mm
のフィレットを配置→スケッチを終了します。

⑦ ［2Dスケッチを開始］をクリック→ソケット右面（折れ線を開始した
面）をクリックします。

⑧ ソケット右面の中心を円の中心とした直径 8 mm の円を描画して，ス
ケッチを終了します。

⑨ ［スイープ］ボタンをクリック→ダイアログボックスで［プロファイル］
に円を，［パス］に折れ線を設定 →［OK］ボタンをクリックします。

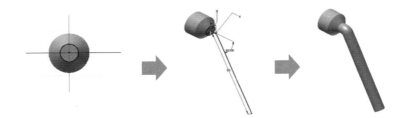

⑩ ［2Dスケッチを開始］ボタンをクリック→モデルブラウザの［Origin］
－［XZ Plane］をクリック→GW上の任意の位置で右クリックし，
メニューから［切断して表示］をクリックします。　⇒ 断面が表示され
ます。

⑪ ［ジオメトリを投影］ボタンをクリック→ハンドル先端のエッジをク
リック→エッジの中点を中心とした直径 18 mm の円を描画します。

⑫ 次ページの左図のような線分を描画 →［拘束］パネル－［同一直線上］
ボタンをクリック→線分とエッジをクリックします。

⑬ ［トリム］ボタンをクリック→線分と円の不要部分を削除し次ページの
右図のような半円にして，スケッチを終了します。

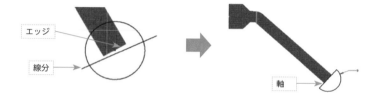

エッジ

線分

軸

⓮ [回転] ボタンをクリック→プロパティパネルで [プロファイル] に半円
を，[軸] に半円の直線部分を設定し，[OK] ボタンをクリックします。
⇒ 球が作成されます。

⓯ ソケットの底面（ハンドルが付いていないほう）をスケッチ平面にし
て，中心に点を描画し，スケッチを終了します。

⓰ [穴] ボタンをクリックして，ねじ穴を作成します。ねじ穴の仕様は，[タ
イプ] の [穴] を「ねじ穴」，[ねじ] の [タイプ] を「ISO Metric Profile」，
[サイズ] を「8」，「呼び径」を「M8 × 1.25」，[等級寸法] を「6H」，[方
向] を「右ねじ」にします。

次に，[動作] の [終端] を「距離」とし，図を参照して 2 つの寸法を記
入 → [OK] ボタンをクリックします。

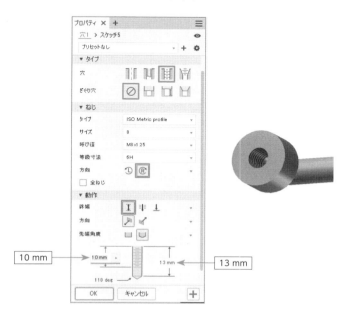

⑰ [作業フィーチャ] パネル － [平面] ボタンをクリック→モデルブラウザの [Origin] － [XZ Plane] をクリック→ソケット上部の側面をクリックします。 ⇒ 作業平面が作成されます。

⑱ [2Dスケッチを開始] ボタンをクリック→作業平面のエッジをクリック → [ジオメトリを投影] ボタンをクリック→モデルブラウザの [Origin] － [X Axis] をクリックします。

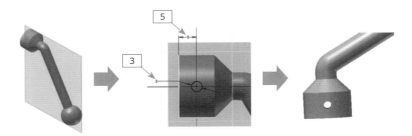

⑲ 適当な位置に直径約3 mmの円を描画→円中心とX軸に一致拘束を適用します。

⑳ 円の直径3 mm, 左端と円中心の距離を5 mmに寸法拘束して, スケッチを終了します。

㉑ 作業平面のエッジ付近で右クリックして, [表示設定] のチェックをはずします。

㉒ [押し出し] ボタンをクリック→プロパティパネルで [距離] を「貫通」にして, 円に貫通切り取りを適用します。 ⇒ ピン穴が作成されます。

㉓ 材料を [鋼、炭素鋼], 外観を [鋼] に設定します。

㉔ デスクトップに 「ハンドル」 の名前で保存します。

5-5 キャップ

* 図形を描画したあと, [拘束] タブ－ [一致拘束] を選択して, 底部の横線の中点とCPをクリックすると, 両者が一致します。

❶ XZ平面に, 次ページの図形を描画し (底部の横線の中点をCPと一致させておきます*), スケッチを終了します。

❷ [押し出し] ボタンをクリック → [距離] を 「30 mm」 にして, [対称] に押し出します。

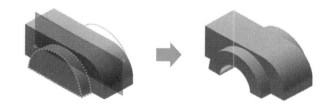

❸ モデル手前側面をスケッチ平面に指定してスケッチを開始→CPを中心とした直径56 mmの円を描きます。

❹ [ジオメトリを投影] ボタンをクリック→モデルブラウザの [Origin] － [X Axis] をクリックします。

❺ [トリム] ボタンで半円の下部分を消去 → [線分] ボタンでX軸上にある半円の両端を連結し，スケッチを終了します。

❻ [押し出し] ボタンをクリック → 「距離」を「10 mm」にして押し出します。

❼ [3Dモデル] タブ － [パターン] パネル － [ミラー] ボタンをクリック→ダイアログボックスで [フィーチャ] にモデルブラウザの [押し出し2]（あるいはGW上の半円柱部分）を，[対称面] にモデルブラウザの [Origin] － [XZ Plane] を設定し，ミラーを適用します。 ⇒ 反対側の側面に手前と同じ半円柱が作成されます。

❽ 半円柱側面をスケッチ平面に指定してスケッチを開始→CPを中心とした直径32 mmの円を描画し，スケッチを終了します。

❾ [押し出し] ボタンをクリック→プロパティパネルで [距離] を「貫通」にして，[切り取り] を指定します。 ⇒ 半円柱が切り取られます。

❿ モデルブラウザの [Origin] － [XZ Plane] をスケッチ平面に指定してスケッチを開始→GW上の任意の位置で右クリックして，メニューから [切断して表示] をクリックします。 ⇒ 断面が表示されます。

⓫ [ジオメトリを投影] ボタンをクリック→モデルブラウザの [Origin] － [X Axis] と図形の右下の縦線をクリックします。

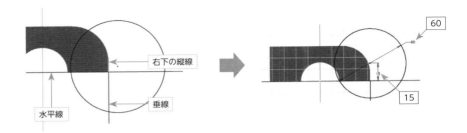

右下の縦線

水平線

垂線

60

15

⑫ 図形の右側の少し離れた適当な位置を中心にして，直径60 mmの円を描画→CPを始点に右方向に適当な長さの水平な線分を描画→右下コーナーを始点に下方向に適当な長さの垂直な線分を描画します。

⑬ 円の中心と垂直な線分に一致拘束を適用→円の中心と右下横線の距離を15 mmにする寸法拘束を適用 → ［トリム］をクリック→図を参考に不要線*を消去します。

＊円の外部と，⑫で描画した
　水平線の外部。

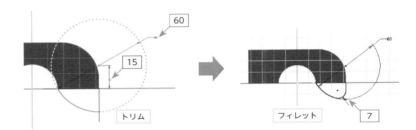

60

15

トリム

60

フィレット

7

⑭ ［フィレット］ボタンをクリック→7 mmを指定して，円弧と垂線をクリック→スケッチを終了します。

⑮ ［押し出し］ボタンをクリック → 「距離」を「12 mm」にして，［対称］に押し出します。 ⇒ 爪部の形状が作成されます。

⑯ モデルブラウザの［Origin］ －［XZ Plane］をスケッチ平面にしてスケッチを開始→GW上の任意の位置で右クリックして，メニューから［切断して表示］をクリックします。 ⇒ 断面が表示されます。

⑰ 爪部の適当な位置に直径5 mmの円を描画→円の中心の位置をCPからX軸方向に35 mm，Z軸方向に7 mmにする寸法拘束を適用して*，スケッチを終了します。

＊円の中心位置の設定手順：
　円を描画→［ジオメトリを
　投影］→モデルブラウザの
　［Origin］－［X Axis］と［Z
　Axis］をクリック→［寸法］
　→X軸方向の位置は，円の
　中心とGWのZ軸をクリッ
　クし，寸法線を引き出して
　35 mmに設定，Z軸方向
　の位置は，円の中心とX軸
　間の寸法線を引き出して7
　mmに設定します。

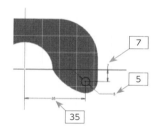

⓲ ［押し出し］をクリック → ［プロファイル］に円を，［距離］を「貫通」に
指定し，［対称］を指定してモデルを切り取ります。

⓳ ［フィレット］をクリック→図を参考にエッジにR3 mmのフィレット
を配置します*。➡ 7箇所のクリックで11箇所フィレットを付けたこ
とになります。→［OK］をクリックしてプロパティパネルを閉じます。

＊F4キーを押して，モデル
を回転するとフィレットの
配置が容易になります。

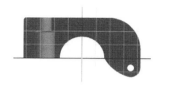

＊モデルを回転するときは，
F4キーを押しながらマ
ウスをドラッグするか，
ViewCube，ナビゲーショ
ンバーを利用します。

⓴ 底面が正面となるようモデルを回転*→モデルの左底面をスケッチ平
面としてスケッチを開始→左側底面の適当な場所に点を作成します。

㉑ 作成した点とCPに水平拘束を適用→点とCPの距離を27 mmに寸法
拘束し，スケッチを終了します。

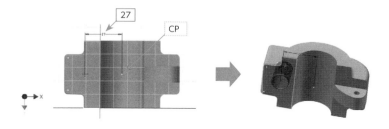

㉒ ［穴］ボタンをクリック→プロパティパネルで［穴］を「単純穴」，［終端］
を「距離」，［直径］を「14 mm」，［穴深さ］を「19 mm」，［先端角度］
を「角度」に設定し，穴を作成します。

㉓ 上面が正面になるようモデルを回転→上面をスケッチ平面に指定し
てスケッチを開始→左側の適当な位置に，直径10 mmの円を描画→
円中心とCPに水平拘束を適用→円中心とCPの距離を27 mmに寸法
拘束→スケッチを終了します。

㉔ ［押し出し］ボタンをクリック → ［プロファイル］を円に，［距離］を「貫
通」に設定し，穴部分を切り取ります。

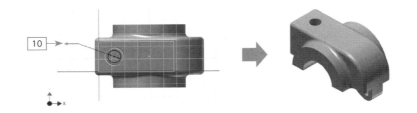

㉕ 上面をスケッチ平面にしてスケッチを開始→適当な位置に点を作成→作成した点とCPに一致拘束を適用し、スケッチを終了します。

㉖ [穴] ボタンをクリック→プロパティパネルで、穴の [タイプ] を「単純穴」[皿面取り]、[終端] を「貫通」、[皿面取り径] を「4 mm」、[直径] を「2 mm」、[皿面取り角度] を「90 deg」に設定して穴を作成します。

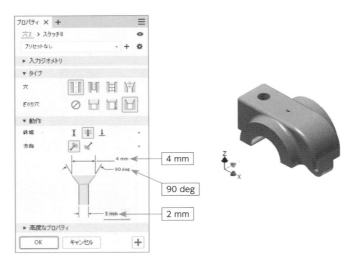

㉗ 材料を [鉄、鋳鉄]、外観を [既定] に設定します。

㉘ デスクトップに「キャップ」の名前で保存します。

5-6 クランプ台

＊2通りの作図方法を紹介します。
①図形は直線だけから構成されますので，線分コマンドにより，CPからはじめて，[自動拘束]の垂直と水平を利用しながら，一筆書きで作成します。
②CPからはじめて，左側半分の図形を描画→[ジオメトリを投影]→Z軸をクリック→[パターン]パネルの[ミラー]→[選択]に左側半分の図形を窓選択し，[ミラー中心線]にZ軸を選択すると，右側の図形が作成されます。

❶ XZ平面に下の図形を描画（上部の横線の中点をCPと一致させます）して＊，スケッチを終了します。

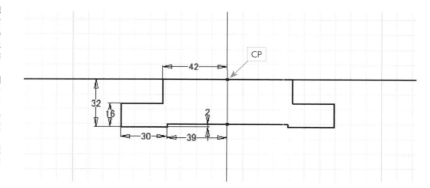

❷ [押し出し] ボタンをクリック →「距離」を「30 mm」，[対称] を指定して押し出します。

❸ XZ平面をスケッチ平面に指定してスケッチを開始→モデルブラウザの [スケッチ2] を右クリックして，メニューから [切断して表示] をクリックします。　⇒ 断面が表示されます。

❹ CPを中心とした直径56 mmの円を描画 → [ジオメトリを投影] ボタンをクリック→モデルブラウザの [Origin] － [X Axis] をクリック → [トリム] ボタンをクリックして，円の上側半分を消去 → [線分] ボタンをクリックして，半円の両端を接続→スケッチを終了します。

❺ [押し出し] ボタンをクリック →「距離」を「50 mm」，[対称] を指定して押し出します。

❻ 作成したモデルの側面をスケッチ平面に指定し，スケッチを開始→CPを中心とした直径32 mmの円を描画→スケッチを終了します。

❼ [押し出し] ボタンをクリック → [プロファイル] を❻で作成した円に，[距離] を「貫通」に指定して，切り取ります。

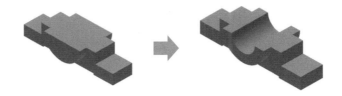

❽ XZ平面をスケッチ平面に指定してスケッチを開始→GW上の任意の位置で右クリックして，メニューから［切断して表示］をクリックします。 ⇒ 断面が表示されます。

❾ 下図の位置に，直径62 mmの円を描画 → ［一致拘束］ボタンをクリック→円の中心と縦のエッジをクリックします。 ⇒ 円の中心がエッジの垂直延長上に拘束されます。→［寸法拘束］ボタンをクリック→円の中心とX軸の距離を15 mmに設定→スケッチを終了します。

❿ ［押し出し］ボタンをクリック → 「距離」を「12 mm」，［対称］を指定してモデルを切り取ります。

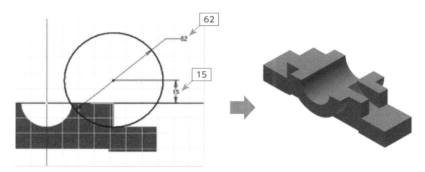

⓫ モデル側面をスケッチ平面に指定してスケッチを開始 → ［円］ボタンをクリック→下図のおおよその位置に直径5 mmの円を描画 → ［寸法］ボタンをクリックして，円の中心とX軸の距離を7 mm，円の中心と右側の縦線の距離を7 mmに拘束→スケッチを終了します。

⓬ ［押し出し］ボタンをクリック → ［プロファイル］を円に，［距離］を「貫通」に指定して，該当部分を切り取ります。

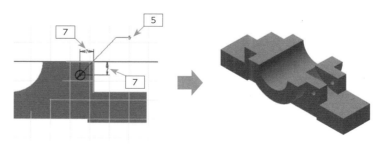

⓭ 土台部分の左側上面をスケッチ平面にしてスケッチを開始します。⇒ 右側上面もスケッチ平面になります。→GW上の任意の位置で右クリック→メニューから［切断して表示］をクリック → ［点］ボタンで左側上面と右側上面の適当な位置に点を1個ずつ作成→作成した点に，それぞれCPとの水平拘束を追加 → ［寸法］ボタンをクリックして，左右の縦線と点の距離をそれぞれ16 mmに設定→スケッチを終了します。

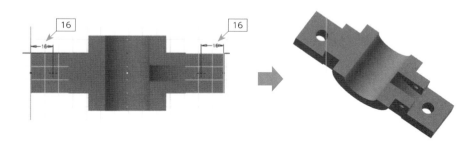

⓮ ［穴］ボタンをクリックします。⇒ ⓭で描画した点を中心とした2つの穴が自動選択されます。→プロパティパネルで，［タイプ］の［穴］は［ねじ穴］を選択し，［ねじ］の［タイプ］を「ISO Metric profile」，［サイズ］を「12」，［呼び径］を「M12×1.75」，［等級寸法］を「6H」，［右ねじ］を指定し，［終端］を「貫通」として，2つの点の位置にねじ穴を作成します。

⓯ モデル中央部の左側最上面を指定してスケッチを開始 → ［点］ボタンで適当な位置に点を描画→描画した点とCPに水平拘束を適用 → ［寸法］ボタンをクリックして，左の縦線と点の距離を42 mmに指定→スケッチを終了します。

⓰ 描画した点に，⓮と同一の仕様でねじ穴を作成します。

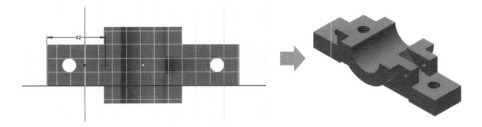

⓱ ［フィレット］ボタンをクリック→下図を参照してエッジにフィレットを配置（R5 mmは5箇所，R2 mmは2箇所，残りR3 mmは12箇所クリック（プロパティパネルでの表記は24箇所選択））します。

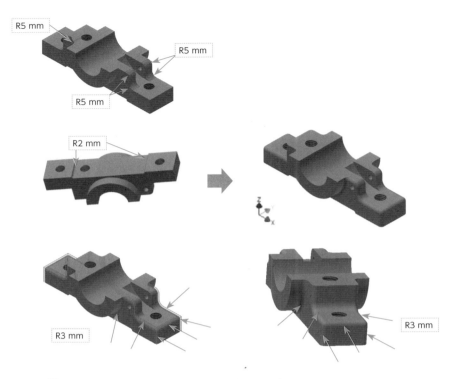

⑱ 材料を［鉄、鋳鉄］，外観を［既定］に設定します。

⑲ デスクトップに「クランプ台」の名前で保存します。

第6章 アセンブリの基礎

本章では，パーツモデリングにより作成した複数のパーツを組み立てる手順について説明します。

6-1 アセンブリとは

パーツ（部品）を組み立てることを**アセンブリ**といいます。パーツモデリングで作成した個々のパーツをアセンブリすることによって，3次元組立品として表現します*。

*アセンブリモードでは，個々のパーツは「コンポーネント」と呼ばれます。

3次元組立品にすると，部品類の適合性や動作範囲，干渉部分などの確認を視覚的に行うことができます。

アセンブリ用パーツの作成

本章で学習するパーツを作成してデスクトップに保存します。

パーツ1は，XZ平面，それ以外のパーツはXY平面を使用します。

1) **パーツ1**：断面が10 mm×10 mmで高さが30 mmのL型パーツ
2) **パーツ2**：50 mm×50 mmで，高さが10 mmの平板
3) **パーツ3**：20 mm×20 mm×20 mmの立方体
4) **パーツ4**：直径20 mm×高さ20 mmの円柱
5) **パーツ5**：内径50 mm×外径60 mm×高さ20 mmのリング
6) **パーツ6**：中央に直径20 mmの穴付きの50 mm×50 mm×高さ10 mmの板

7) **パーツ7**：中央に直径5mmの穴付きの直径20mm×高さ50mmの円柱

8) **パーツ8**：直径5mm×高さ50mmの円柱

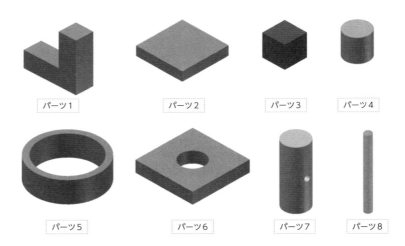

| パーツ1 | パーツ2 | パーツ3 | パーツ4 |

| パーツ5 | パーツ6 | パーツ7 | パーツ8 |

6-2 アセンブリモードの起動とコンポーネントの配置

アセンブリモードを起動して，コンポーネントを読み込み配置します。

▼(1) アセンブリモードの起動

❶ [新規作成] ボタンをクリック＊→ [新規ファイルを作成] ダイアログボックスの [Z上.iam] をクリック → [作成] ボタンをクリックします。

⇒ アセンブリの画面が表示されます。ViewCubeの [ホームビュー]をクリックしておきます。

＊クイックアクセスツールバーの [新規] ボタンをクリックするか，[ファイル] タブー [新規] ボタンをクリックしても，[新規ファイルを作成] ダイアログボックスを開くことができます。

▼ (2) 1個目のコンポーネントの配置

❶ [アセンブリ] タブ − [コンポーネント] パネル − [配置] ボタンをクリック→デスクトップに保存した「パーツ1」を選択 → [開く] ボタンをクリックします。

クリック

アセンブリモードの画面

＊アセンブリモードでは, CP は原点と表示されます。

❷ コンポーネントを右クリック → [原点＊に固定して配置] ボタンをクリックします。

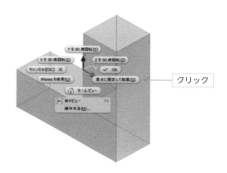

クリック

▼ (3) 2個目のコンポーネントの配置

❶ 1個目のコンポーネントから少し離れた位置でクリックします。 ⇒ 2個目のコンポーネントが配置されます。→2個目のコンポーネントを右クリック → [OK] ボタンをクリックします。 ⇒ GWには, 1個目のコンポーネントはクリップ留めされています。2個目のコンポーネントはドラッグで任意の方向に移動できます。

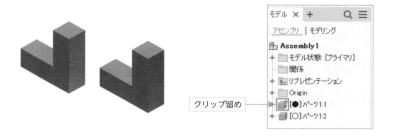

クリップ留め

6-3 メイト拘束とフラッシュ拘束

拘束の前の準備

＊複数のコンポーネントの相対関係を決めることを「拘束」と呼びます。

　拘束＊の前にアセンブリしやすいように2個目のコンポーネントの向きを変えます。ここではコンポーネントを向かい合わせにしやすい向きにします。

❶ [アセンブリ] タブ －[位置] パネル －[自由回転] ボタンをクリックし，2個目のコンポーネントをクリックします。⇒ 自由回転ができるようになります。→2個目のコンポーネントを図のように回転させておきます。

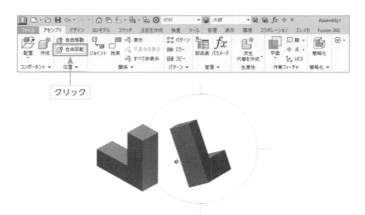

クリック

メイト拘束(向かい合わせ)

　メイト拘束は，拘束するコンポーネントの面と面が向き合うように配置させます。

❶ [アセンブリ] タブ －[関係] パネル －[拘束] ボタンをクリックします。
　⇒ [拘束を指定] ダイアログボックスが表示されます。

「メイト拘束」を選択したときの
ダイアログボックス

❷ [タイプ] を [メイト]，[解析] を [メイト] に設定 → [選択] で [1] が
選択されたまま，1個目のコンポーネントの向かい合っている面 (図参
照) をクリック→自動的に [選択] が [2] に切り替わるので2個目のコ
ンポーネントの向かい合っている面 (図参照) をクリック → [適用] ボ
タンをクリックします。

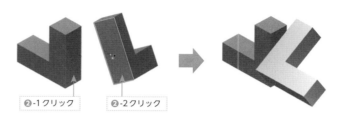

❷-1クリック　❷-2クリック

フラッシュ拘束(面合わせ)

　フラッシュ拘束は，面と面をそろえて配置させます。前項のメイト拘
束をした状態で次に進めます。

❶ [タイプ] を [メイト]，[解析] を [フラッシュ] に設定 → [オフセット]
を「0 mm」に設定→2個のコンポーネントの正面をクリック (図参照)
→[適用]ボタンをクリックします。⇒ 図のように正面がそろいます。

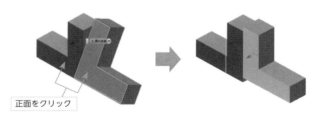

正面をクリック

❷ [タイプ] を [メイト]，[解析] を [フラッシュ] に設定 → [オフセット]
を「0 mm」に設定→2個のコンポーネントの上の面をクリックします。
⇒ 図のように上2面がそろいます。→[OK]ボタンをクリックします。
⇒ 面をそろえるアセンブリが完了します。

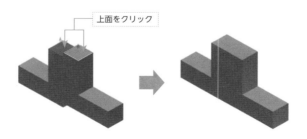

上面をクリック

なお，拘束がうまくいかなかったときは，カーソルをモデルブラウザ
のうまくいかなかった拘束（この例では［フラッシュ：2］）で右クリック
→［削除］をクリックして再度フラッシュを行います。

モデルブラウザには，拘束の
履歴がコンポーネントごと
にまとめられています

フラッシュ拘束：オフセット

　オフセットを使って，コンポーネントの配置を調整しましょう。新し
いアセンブリモードを起動します。

❶ クイックアクセスツールバーの［新規］ボタンをクリック →［新規ファ
　イルを作成］ダイアログボックスの［Z上.iam］をクリック →［作成］ボ
　タンをクリックします。ViewCubeの［ホームビュー］をクリックして
　おきます。

❷［アセンブリ］タブ −［コンポーネント］パネル −［配置］ボタンをクリッ
　ク→デスクトップに保存した「パーツ2」を選択 →［開く］ボタンをク
　リックします。

❸ コンポーネントを右クリック →［原点に固定して配置］をクリック→配
　置されたコンポーネントを右クリック →［OK］ボタンをクリックしま
　す。

❹ 同様にして，デスクトップに保存した「パーツ3」を開く→適切な位置に
　移動してクリック→配置されたコンポーネントを右クリック →［OK］
　ボタンをクリックします。

❺［アセンブリ］タブ −［関係］パネル −［拘束］ボタンをクリック →［タ
　イプ］を［メイト］，［解析］を［メイト］に設定 →「コンポーネント（パー
　ツ2）」の上面と「コンポーネント（パーツ3）」の上面をクリック →［適
　用］ボタンをクリックします。

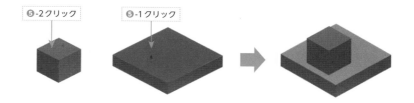

❻ 続いて，[解析] を [フラッシュ] に設定 → [オフセット] を「-15 mm」
に設定 → 「コンポーネント（パーツ2）」の左手前面と「コンポーネント
（パーツ3）」の左手前面をクリック → [適用] ボタンをクリックします。

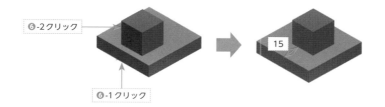

❼ 最後に [解析] を [フラッシュ] に設定 → [オフセット] を「-15 mm」
に設定 → 「コンポーネント（パーツ2）」の右手前面と「コンポーネント
（パーツ3)」の右手前面をクリック → [OK] ボタンをクリックします。
　⇒ 2つのコンポーネントが図のように配置されます。

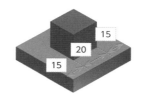

演習 6-1　**メイト拘束とフラッシュ拘束**

メイト拘束とフラッシュ拘束を使ってコンポーネントを配置しましょう。
この演習では，「パーツ2」の板の中心に「パーツ4」の円柱を配置します。

❶ 「パーツ2」を原点に固定して配置し，その後「パーツ4」を配置します。
❷ モデルブラウザの [パーツ4] をクリックしてツリーを開く → [Origin] をクリックしてツ
リーを開く → [XZ Plane] を右クリック→メニューの [表示設定] をクリックしてチェック
を入れる → [YZ Plane] を右クリック→メニュー [表示設定] をクリックしてチェックを入
れます。

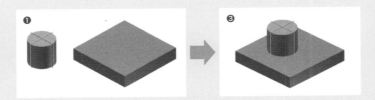

❸ [アセンブリ] タブ － [関係] パネル － [拘束] ボタンをクリック → [タイプ] を [メイト]，[解析] を [メイト] に設定 →「コンポーネント（パーツ2）」の上面と「コンポーネント（パーツ4）」の上面をクリック → [適用] ボタンをクリックします。

❹ [解析] を [フラッシュ] に設定 → [オフセット] を「-25 mm」に設定 →「コンポーネント（パーツ2）」の右手前面と「コンポーネント（パーツ4）」の [YZ Plane] をクリック → [適用] をクリックします。

❺ [オフセット] を「-25 mm」に設定 →「コンポーネント（パーツ2）」の左手前面と「コンポーネント（パーツ4）」の [XZ Plane] をクリック → [OK] ボタンをクリックします。

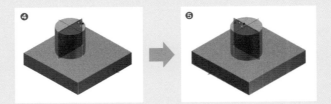

❻ モデルブラウザの [パーツ4] の [YZ Plane] を右クリック → [表示設定] をクリックしてチェックをはずす→同様にして [XZ Plane] の [表示設定] のチェックもはずします。 ⇒ 上の右図のように円柱が板の中央に配置されます。

6-4 角度拘束

2つのコンポーネントに角度を付けて配置します。角度は，面だけでなく線（エッジ）に対しても設定できます。

▼(1) コンポーネントの配置

❶ これまでと同様に，新しいアセンブリモードを起動 →「パーツ2」をコンポーネントとして2個配置します（1個は原点に固定します）。

▼(2) コンポーネントエッジのメイト拘束

次に，2つのコンポーネントのエッジをメイト拘束します。

❶ これまでと同様に［拘束］ボタンをクリックします。 ⇒ ダイアログ
ボックスが表示されます。→［タイプ］を［メイト］,［解析］を［メイト］
に設定 →［オフセット］を「0 mm」に設定→2個のコンポーネントの上
面エッジをクリック →［適用］ボタンをクリックします。

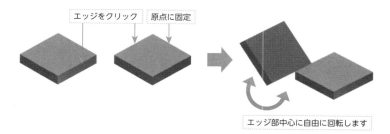

▼ (3) コンポーネントの位置合わせ

フラッシュ拘束で2つのコンポーネント側面の位置合わせをします。

❶［解析］を［フラッシュ］に設定 →［オフセット］を「0 mm」に設定→2
つのコンポーネントの側面をクリック →［適用］ボタンをクリックしま
す。

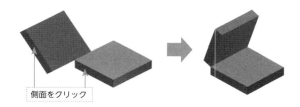

▼ (4) 角度の設定

エッジ部中心に自由回転するので，角度を付けます。

❶［タイプ］を［角度］に設定します。 ⇒ 解析の種類が変わります。→
［解析］を［有向角］に，［角度］を「45 deg」に設定します。

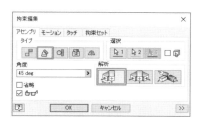

「角度拘束」を選択したときの
ダイアログボックス

❷ 下部手前の面をクリック→上部手前の面をクリック →［OK］ボタンをク
リックします。 ⇒ 45°の角度を付けて2枚の板がアセンブリされます。

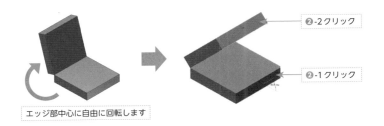

エッジ部中心に自由に回転します

2つのコンポーネントの面を正接の関係で配置します。一般的には，平面と円形状や球形状の面が利用されます。

コンポーネントの内接拘束

▼(1) コンポーネントの配置

❶ これまでと同様に，新しいアセンブリモードを起動 →「パーツ5」を原点に固定して配置→その後「パーツ4」を配置します。

▼(2) 内接での拘束

❶ これまでと同様に [拘束] ボタンをクリックします。⇒ ダイアログボックスが表示されます。→ [タイプ] を [正接]，[解析] を [内側] とします。

「正接拘束」を選択したときのダイアログボックス

❷「コンポーネント（パーツ4）」の側面をクリック →「コンポーネント（パーツ5）」の内側側面をクリック → [適用] ボタンをクリックします。
⇒ リングの内側に円柱が配置されます。

▼(3) コンポーネントの高さそろえ

次に，円柱とリングの側面の高さをそろえます。

❶ [タイプ] を [メイト]，[解析] を [フラッシュ] に設定 → [オフセット] を「0 mm」に設定→2つのコンポーネントの上面をクリック → [OK] ボタンをクリックします。⇒ 円柱をドラッグしてリングの内側を転がる様子を見てみましょう。

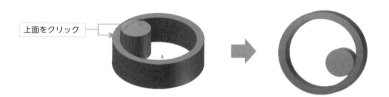

上面をクリック

コンポーネントの外接拘束

　次に，2つのコンポーネントを，外側面で正接させましょう。前項から作業を続けます。

❶ クイックアクセスツールバーの [元に戻す] ボタンをクリックして，コンポーネントが配置された状態に戻します。

❷ [タイプ] を [正接]，[解析] を [外側] とします。

❸ 2つのコンポーネントの外側面をクリック → [適用] ボタンをクリックします。⇒ リングの外側に円柱が配置されます。

❹ [タイプ] を [メイト]，[解析] を [フラッシュ] に設定 → [オフセット] を「0 mm」に設定→2つのコンポーネントの上面をクリック → [OK] ボタンをクリックします。⇒ 円柱をドラッグしてリングの外側を転がる様子を見てみましょう。

6-6 挿入拘束

　挿入拘束は，コンポーネントの穴に軸などを挿入する場合に使用します。

❶ これまでと同様に，新しいアセンブリモードを起動 → 「パーツ6」を原点に固定して配置→その後「パーツ7」を配置します。

❷ [拘束] ボタンをクリックします。⇒ ダイアログボックスが表示されます。→ [タイプ] を [挿入]，[解析] を [位置合わせ] とします。

「挿入拘束」を選択したときの
ダイアログボックス

❸ 円柱上端部と穴下部のエッジ部分をクリックします。⇒ 穴に円柱が挿入されました。→ [OK] ボタンをクリックします。

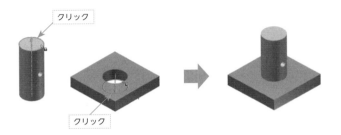

クリック

クリック

　「位置合わせ」では，2つのコンポーネントの面がそろうように挿入されます。自由オービット（F4 を押しながらマウスで回転）を使って，下部の円柱端面と板の下面がそろっていることを調べてみましょう。

6-7　曲面上の穴への挿入

＊作業軸：スケッチで参照するための，仮想の無限長の直線。

＊「挿入拘束」は平面上に開いている穴にだけ適用されます。

　軸を曲面上に開いている穴に挿入する場合には，作業軸＊を利用したメイト拘束を使います＊。

❶ これまでと同様に，新しいアセンブリモードを起動 →「パーツ7」を原点に固定して配置 → その後「パーツ8」を配置します。

❷ [アセンブリ] タブ − [作業フィーチャ] パネル − [軸] ボタンをクリック →「パーツ7」の穴をクリック → [軸] ボタンをクリック →「パーツ8」の円柱面をクリックします。⇒ 作業軸が設定されました。

❸ [アセンブリ] タブ －［関係］パネル －［拘束］ボタンをクリック → [タイプ] を［メイト］,［解析］を［メイト］に設定 →［オフセット］を「0 mm」に設定* →「パーツ7」の作業軸と「パーツ8」の作業軸をクリック →［OK］ボタンをクリックします。 ⇒「パーツ8」が挿入されました。

＊ここでのオフセットは,「パーツ7」の作業軸中心と「パーツ8」の作業軸中心の間の距離です。

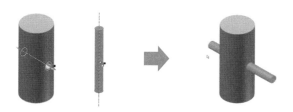

❹ このままでは,穴の軸線に沿って,「パーツ8」が動いてしまいます。中央に正しく配置するために,モデルブラウザの［パーツ7］ －［Origin］ －［YZ Plane］上で右クリック →［表示設定］をクリックしてチェックを入れます。

❺ [アセンブリ] タブ －［関係］パネル －［拘束］ボタンをクリック → [タイプ] を［メイト］,［解析］を［フラッシュ］に設定 →［オフセット］を「25 mm」に設定→モデルブラウザのYZ平面をクリック→GW上の「パーツ8」の端面をクリックします。 ⇒「パーツ8」が中央に正しく配置されました。

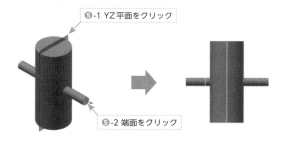

第**7**章 アセンブリ実践

この章では，まず軸受クランプを組み立てます。次に，市販の部品を使って軸受セットを組み立てたあと，分解をしてみましょう。

軸受クランプの組み立て　　　　軸受セットの分解

7-1 軸受クランプ台本体の組み立て

第5章で作成したコンポーネントを利用して，軸受クランプ台を組み立てます。

クランプ台　　　　キャップ　　　　平行ピンA

▼（1）アセンブリモードの起動とコンポーネントの配置

アセンブリモードを起動して，コンポーネントを配置します。

＊すでにInventorを使用している場合には，［ファイル］タブをクリック→［新規］ボタンをクリックするか，クイックアクセスツールバーの［新規］ボタンをクリックします。

❶［新規作成］ボタンをクリック*→［新規ファイルを作成］ダイアログボックスの［Z上.iam］をクリック →［作成］ボタンをクリックします。

❷［アセンブリ］タブ －［コンポーネント］パネル －［配置］ボタンをクリック→デスクトップに保存した「クランプ台」を選択 →［開く］ボタンをクリックします。

❸ 表示されたコンポーネントを右クリック → [原点に固定して配置] をクリック→配置されたコンポーネントを右クリック → [OK] ボタンをクリックします。

❹ 同様に [配置] ボタンをクリック →「キャップ」を選択して [開く] ボタンをクリック→GW 上のクランプ台から少し離れた位置でクリック→配置されたコンポーネントを右クリック → [OK] ボタンをクリックします。

❺ さらに [配置] ボタンをクリック →「平行ピン A」を選択して [開く] ボタンをクリック→GW 上の適当な位置でクリック→配置されたコンポーネントを右クリック → [OK] ボタンをクリックします。

▌(2) コンポーネントの拘束

「クランプ台」に「キャップ」をかぶせます。

❶ [アセンブリ] タブ − [位置] パネル − [自由回転] ボタンをクリック→GW 上の「キャップ」コンポーネントをクリック→下図のように「キャップ」の下部右側の取り付け穴が見えるように回転→コンポーネントを右クリック → [OK] ボタンをクリックします。

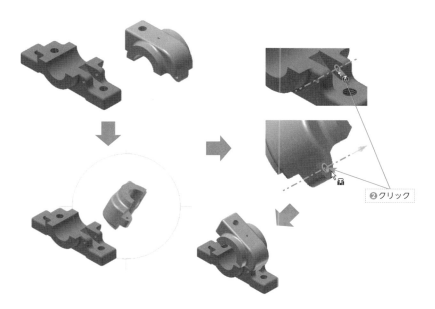

❷ [アセンブリ] タブ − [関係] パネル − [拘束] ボタンをクリック → [拘束を指定] ダイアログボックスで, [タイプ] を [挿入] に, [解析] を [反対] に設定→上図の位置で「クランプ台」と「キャップ」の取り付け穴をクリック→アセンブリされたことを確認して [適用] ボタンをクリックします。

▼ (3) コンポーネントの挿入

次に，取り付け穴に「平行ピンA」を挿入します[*]。

* ここでの組み立て順は作成例であり，3次元CADの場合は，「クランプ台」に先に「平行ピンA」を挿入して固定したあと，「キャップ」をかぶせる順でアセンブリすることもできます。

❶ 同じ [拘束を指定] ダイアログボックスで，[タイプ] を [挿入] に，[解析] を [位置合わせ] に設定→下図のように「平行ピンA」端部の面取りのエッジと「クランプ台」の取り付け穴をクリック → [OK] ボタンをクリックします。

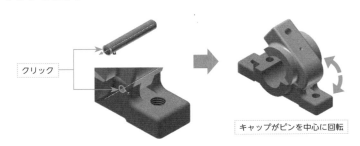

▼ (4) コンポーネントの固定

次に，「キャップ」を「クランプ台」に固定します。

* [拘束を指定] ダイアログボックスで，[タイプ] を [角度] に，[解析] を [有効角] に，[角度] を「-180 deg」に設定しても，同様の固定ができます。

❶ [拘束を指定] ダイアログボックスで，[タイプ] を [メイト] に，[解析] を [メイト] に設定[*]→下図のように，「クランプ台」上面と「キャップ」下面をクリック → [OK] ボタンをクリックします。

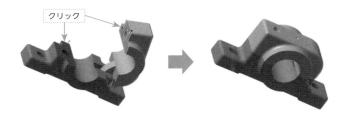

7-2 ▎ 開閉用ハンドルの組み立て

第5章で作成したコンポーネントを利用して，キャップ開閉用ハンドルを作成します。

▼ (1) ハンドル用コンポーネントの配置

軸受クランプ台の脇に「ハンドル」「ボルト」「平行ピンB」を配置します。なお，この3つのコンポーネントはいずれも原点には固定しません。

❶ ［アセンブリ］タブ － ［コンポーネント］パネル － ［配置］ボタンをクリック→デスクトップに保存した「ハンドル」を選択 → ［開く］ボタンをクリックします。

❷ 表示されたコンポーネントをクリック→コンポーネントを右クリック → ［OK］ボタンをクリックします。

❸ 同様にして，「ボルト」を配置→コンポーネントを右クリック → ［OK］ボタンをクリックします。

❹ 同様にして，「平行ピンB」を配置→コンポーネントを右クリック → ［OK］ボタンをクリックします。

❺ 各コンポーネントを，「自由回転」と「自由移動」を使って，下図のように，アセンブリしやすいような向きに調整します。

▼ (2) ハンドルへのボルトの挿入

ボルトを10 mmだけハンドル穴に押し込んで挿入します。

❶ ［関係］パネル － ［拘束］ボタンをクリック → ［拘束を指定］ダイアログボックスで，［タイプ］を［挿入］に，［解析］を［反対］に設定 → 「ボルト」の先端エッジと「ハンドル」の穴エッジをクリック → ［オフセット］を「-10 mm」に設定 → ［OK］ボタンをクリックします。

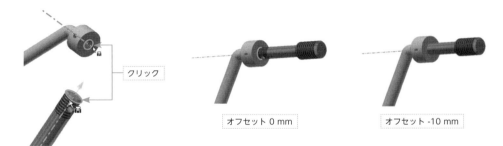

クリック

オフセット 0 mm

オフセット -10 mm

▼ (3) 穴合わせ

次に,「平行ピンB」が挿入できるように,「ハンドル」のピン穴と「ボルト」の穴を一致させます。

❶ モデルブラウザの [ハンドル] － [Origin] － [XZ Plane] 上で右クリック → [表示設定] をクリックしてチェックを入れる → [ボルト] － [Origin] － [XZ Plane] 上で右クリック → [表示設定] をクリックしてチェックを入れます。

ピン穴の不一致 / 2平面の表示

❷ [関係] パネル － [拘束] ボタンをクリック → [拘束を指定] ダイアログボックスで,[タイプ] を [角度] に,[解析] を [有向角] に,[角度] を「0 deg」に設定→2つの [XZ Plane] をクリック → [OK] ボタンをクリックします。 ⇒ ピン穴が一致しました。

2平面の角度拘束 / ピン穴の一致

▼ (4) ピンの挿入

次に,作業軸を設定して,「ハンドル」の穴に「平行ピンB」を挿入します。

❶ [作業フィーチャ] パネル － [軸] ボタンをクリック→GW 上の「ハンドル」の穴をクリック → [軸] ボタンをクリック → 「平行ピンB」の側面をクリックします。 ⇒ 作業軸1と2が設定されました。

❷ [関係] パネル － [拘束] ボタンをクリック → [拘束を指定] ダイアログボックスで,[タイプ] を [メイト] に,[解析] を [メイト] に設定→GW 上の「ハンドル」の穴の作業軸をクリック→GW 上の「平行ピンB」の作業軸をクリック → [適用] ボタンをクリックします。 ⇒ 「平行ピンB」が穴に挿入されるか,または,2つの作業軸が重なり,ハンドル穴中心とピンが同一線上に配置されます。

＊ボルトを挿入したハンドルを回転させるときには,[自由回転] を使うと拘束がはずれるので,GW右に配置されている [ナビゲーションバー] の [自由オービット] あるいはF4キーを使います。

＊「ハンドル」の穴に「平行ピンB」を挿入する別の方法:[拘束] ボタンをクリック→ [拘束を指定] ダイアログボックスで,[タイプ]を [メイト] に,[解析] を [メイト] に設定→「ハンドル」の穴の内面と「平行ピンB」の曲面をクリック→[適用] ボタンをクリックします。

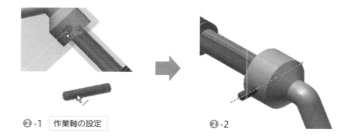

②-1 作業軸の設定　　**②-2**

❸ 同じ [拘束を指定] ダイアログボックスで, [タイプ] を [メイト] に, [解析] を [フラッシュ] に設定 → [オフセット] を「-9 mm」に設定→GW 上の「平行ピンB」の端面をクリック→GW 上の「ハンドル」のXZ平面をクリック → [OK] ボタンをクリック→モデルブラウザのハンドルとボルトの [XY Plane] 上で右クリックして [表示設定] のチェックをはずします。同様にして,「作業軸1」と「作業軸2」の [表示設定] も解除しておきます。 ⇒「平行ピンB」の端面と「ハンドル」の側面が一致しました。

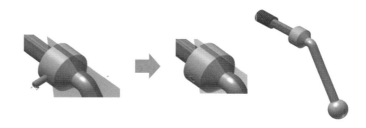

7-3　最終アセンブリ

本体部分に開閉用ハンドルを組み込みます。

▌(1) ボルトのキャップ穴への挿入

まず, 開閉用ハンドルのボルトをキャップ穴に挿入します。

❶ [アセンブリ] タブ − [関係] パネル − [拘束] ボタンをクリック → [拘束を指定] ダイアログボックスで, [タイプ] を [挿入] に, [解析] を [反対] に設定→次ページの図のように, GW 上のハンドルエッジとキャップ穴部をクリック → [OK] ボタンをクリックします。 ⇒ 開閉用ハンドルが軸受クランプ台本体の穴部に挿入されました。

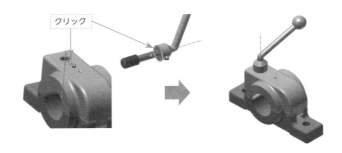

▼ (2) ハンドルの固定

次にハンドルを固定します。

❶ モデルブラウザの [ハンドル] – [Origin] – [XZ Plane] 上で右クリック → [表示設定] をクリックしてチェックを入れます。

❷ [関係] パネル – [拘束] ボタンをクリック → [拘束を指定] ダイアログボックスで, [タイプ] を [角度] に, [解析] を [有向角] に, [角度] を「180 deg」に設定→下図のように, ハンドルのXZ平面とキャップの外側の平面をクリック → [OK] ボタンをクリック→モデルブラウザの [XZ Plane] 上で右クリックして [表示設定] のチェックをはずします。⇒ 完成です。

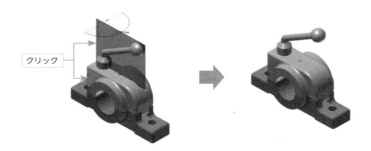

❸ デスクトップに「軸受クランプ」の名前で保存します。

7-4 コンテンツセンターの利用

Inventorでは, 産業規格に基づいて作成された標準の機械部品が「コンテンツセンター」に用意されています。ここでは, そこから軸受とねじをダウンロードして軸受セットを組み立ててみましょう。

軸受セット

　まず，軸受セットを構成する部品のうち，「ベースプレート」「軸受ホルダー」「軸」を作成します。

ベースプレートの作成

❶ [新規作成] ボタンをクリック → [新規ファイルを作成] ダイアログボックスで [Z上.ipt] をクリック → [作成] ボタンをクリック→GW上で，58 mm×120 mm×10 mmのプレートを作成します。XY平面を使用します。

❷ 穴を4箇所あけます。穴の [タイプ] は [ねじ穴]，[終端] を「距離」，[深さ] を「8 mm」，[ねじのタイプ] を「ISO Metric profile」，[サイズ] を「5」，[呼び径] を「M5×0.8」，[等級寸法] を「6H」とします。

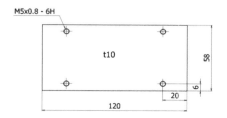

❸ 外観を [銅-つや出し] に設定します。

❹ デスクトップに「ベースプレート」の名前で保存します。

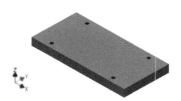

軸受ホルダーの作成

❶ 前項と同様に，新規パーツ作成の画面を開き，軸受ホルダーを作成します。2次元図面と作成手順の例を3次元CAD図で示します。YZ平面を使用します。

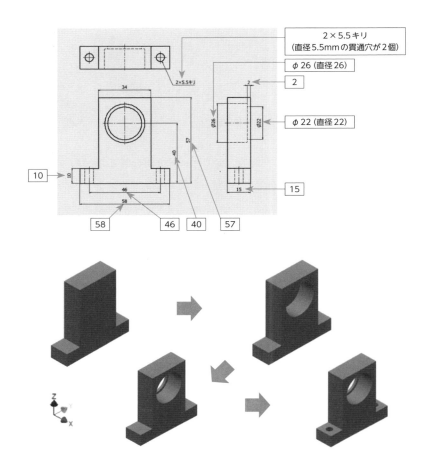

❷ デスクトップに「軸受ホルダー」の名前で保存します。

軸の作成

❶ 前項と同様に，新規パーツ作成の画面を開き，直径10 mm×長さ100 mmの円柱を作成します。XY平面またはYZ平面を使用します。

❷ デスクトップに「軸」の名前で保存します。

アセンブリ

▼（1）ベースプレートと軸受ホルダーの配置

ベースプレート上に，2個の軸受ホルダーを配置します。

❶ ［新規作成］ボタンをクリック → ［新規ファイルを作成］ダイアログボックスで ［Z上.iam］をクリック → ［作成］ボタンをクリックします。

＊2つ配置する方法について
は6-2節を参照してくださ
い。

❷ ［アセンブリ］タブ － ［コンポーネント］パネル － ［配置］ボタンをク
リック→デスクトップに保存した「ベースプレート」を選択して［開く］
ボタンをクリック→表示されたコンポーネントを右クリック → ［原点
に固定して配置］をクリック→配置されたコンポーネントを右クリッ
ク → ［OK］ボタンをクリックします。

❸ 同様に「軸受ホルダー」を2つ配置します＊。いずれも原点には固定し
ません。

❹ メイト拘束で，「軸受ホルダー」を「ベースプレート」上に置きます。な
お，2つの軸受ホルダーは，直径22（φ22）mmの小さい方の穴が，向
かい合うように設置します。

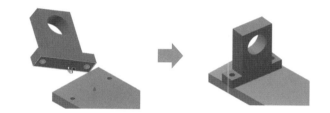

❺ メイト拘束で，「ベースプレート」の穴の軸線の位置と「軸受ホルダー」
の穴の軸線の位置を一致させます。このとき［オフセット］を「0 mm」
に設定します。

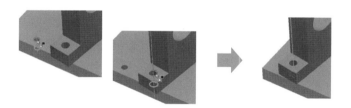

▼（2）軸受とねじのダウンロード

次に，「コンテンツセンター」から軸受とねじをダウンロードします。

❶ ［アセンブリ］タブ － ［コンポーネント］パネル － ［配置］ボタンの下側
をクリック→表示されたメニューから［コンテンツセンターから配置］
をクリック → ［カテゴリ表示］ツリーから［軸部品］をクリックします。

❷ ［コンテンツセンターから配置］ウィンドウ右側の［軸部品］ペーンで
［軸受］フォルダをダブルクリック → ［玉軸受］フォルダをダブルクリッ
ク → ［深溝玉軸受］フォルダをダブルクリック→表示された一覧から
「JIS B 1521」をクリック → ［OK］ボタンをクリックします。

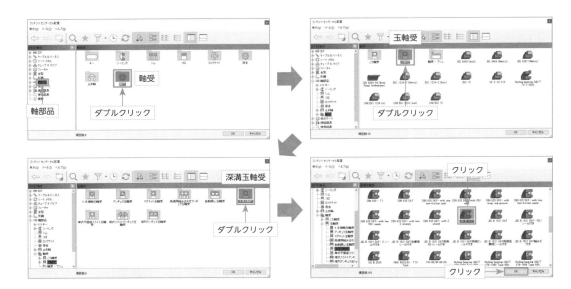

❸ InventorのGW上でクリックします。⇒［JIS B 1521］のダイアログボックスが表示されます。

❹ ［JIS B 1521］ダイアログボックスの［サイズ名称］リストから「6000」を選択 → ［カスタムとして］にチェックを入れる* → ［OK］ボタンをクリック → ［名前を付けて保存］ダイアログボックスで，保存先を指定してから，［保存］ボタンをクリックします。⇒ パーツファイルが保存されました。

＊［カスタムとして］にチェックを入れると，自分のフォルダにパーツデータを保存しておくことができます。

❺ GW上の適当な位置でクリックします。⇒ 軸受が1個配置されます。

❻ もう1度GW上でクリックします。次に右クリック → ［OK］ボタンをクリックします。⇒ 軸受が2個配置されました。

❼ 再度「コンテンツセンター」から［締結器具］－［ボルト］－［丸頭］の順に開く → ［JIS B 1111］をクリック → ［OK］ボタンをクリック → GW上でクリックします。⇒ ［JIS B 1111］ダイアログボックスが開きます。

❽ ［JIS B 1111］ダイアログボックスで［ボルトのタイプ］を「M5」に，［ボルトの長さ］を「16」に設定（必要に応じて［カスタムとして］にチェックを入れてください）→ ［OK］ボタンをクリックします。

❾ 軸受と同様に，GW上を4回クリック→右クリックして［OK］ボタンをクリックします。⇒ ねじが4個配置されました。

▼ (3) ダウンロードしたパーツの拘束

　作成したパーツとダウンロードしたパーツを組み立てましょう。ここまでで学習した内容で対応可能なので，詳細な説明は省略しますが，❶〜❹までの手順を参考にしてください。

❶「挿入拘束（反対）」で，軸受を軸受ホルダーにセットします。

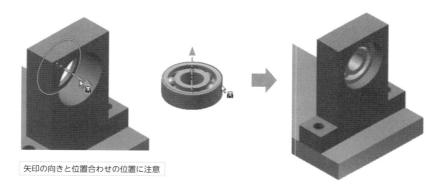

矢印の向きと位置合わせの位置に注意

❷「挿入拘束（反対）」で，ねじをベースプレートの穴にセットします。

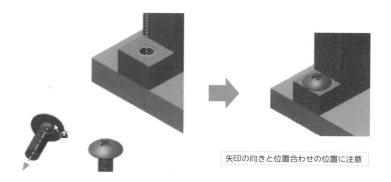

矢印の向きと位置合わせの位置に注意

❸ 作成した「軸」を配置し，「挿入拘束（反対）」で，［オフセット］を「-7.5mm」にして軸を軸受にセットします。

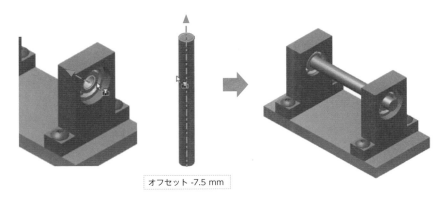

オフセット -7.5 mm

④ デスクトップに「軸受セット」の名前で保存します。

7-5 プレゼンテーション

プレゼンテーションファイルを使用して，アセンブリの分解ビューを作成しましょう。

プレゼンテーションファイルの作成

❶ [新規作成] ボタンをクリック → [新規ファイルを作成] ダイアログボックスの [Z上.ipn] をクリック → [作成] ボタンをクリックします。

❷ [挿入] ダイアログボックスが表示されるので，対象となるアセンブリファイル「軸受セット」を指定 → [開く] ボタンをクリックします。

コンポーネントの分解

実際の分解のときと同様の手順で，「軸」→「軸受」→「ねじ」→「軸受ホルダー」の順に分解していきます。

❶ [プレゼンテーション] タブ − [コンポーネント] パネル − [コンポーネントをツイーク*] をクリックします。 ⇒ ミニツールバーが表示されます。

*ツイークとは「つまんでぐいと引っ張る」の意味です。

❷ まず，最初にツイークする軸の先端部をクリックします。⇒ 軸にXYZ
方向の矢印が表示されます。

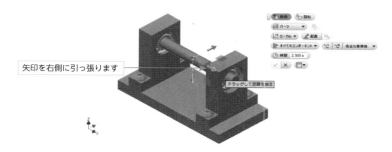

矢印を右側に引っ張ります

❸ Z方向の矢印を右側に引っ張る→ボックスに，移動距離として「200」
と入力→✔をクリックします。⇒ 軸が軸受から引き抜かれます。

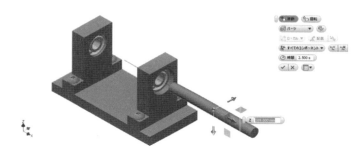

❹ 同様の手順で，[コンポーネントをツイーク] をクリックしたあと，各
パーツをクリックして分解を繰り返します。
・手前の軸受：移動／回転：X→移動距離*-50
・奥の軸受：移動／回転：X→移動距離50

＊移動距離の±は方向です。
　表示される矢印の向きを
　参考にして調整します。

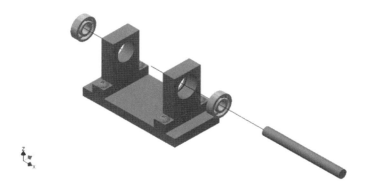

・ねじ4個（コンポーネントの選択のときに，ねじ4個を Shift キーを
利用してクリック）：[コンポーネントをツイーク] →Z：移動距離100

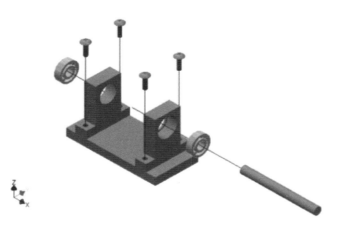

・軸受ホルダー 2 個 (コンポーネントの選択のときに，軸受ホルダー 2 個をクリック)：[コンポーネントをツイーク]→Z：移動距離 20

❺ デスクトップ上に「軸受セット」の名前で保存します。

ビデオのパブリッシュ

画面下部の [ストーリーボード] パネルの [再生] (▶) ボタンをクリックします。⇒分解手順のアニメーションが見られます。

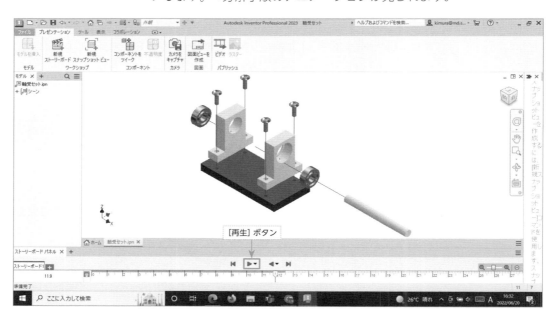

 [プレゼンテーション] タブー [パブリッシュ] パネルー [ビデオ] ボタンをクリックすることにより，動画ファイルとして，保存することができます。

第8章 2次元図面の作成

パーツファイルとして作られた機械部品や，アセンブリファイルとして作られた機械製品は，製造を目的とする場合，2次元に投影した図面にする必要があります。本章では3次元のデータから2次元図面を作成する方法について説明します。

8-1 図面ファイルを開く

❶ ホーム画面の［新規作成］ボタンをクリック → ［新規ファイルを作成］
ダイアログボックスで［Standard.idw］をクリック → ［作成］ボタンを
クリックします。⇒ 図面テンプレートファイルが表示されます。

❷ モデルブラウザの「シート：1」を右クリックし，［シートを編集］をク
リック → ［シートを編集］ダイアログボックスで［サイズ］を「A3」に変
更します。

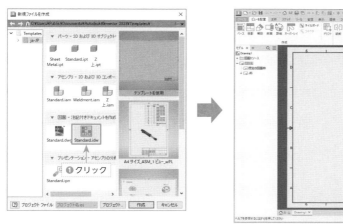
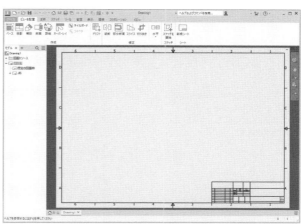

ベースビューと投影図の配置

第5章で作成したキャップのベースビューと投影図を配置します。

ベースビューの配置

① [ビューを配置] タブ － [作成] パネル － [ベース] ボタンをクリックします。 ⇒ ［図面ビュー］ ダイアログボックスが表示されます。

② [図面ビュー] ダイアログボックスで [既存のファイルを開く] ボタンをクリック→第5章で作成した「キャップ.ipt」を選択 → [開く] ボタンをクリックします。

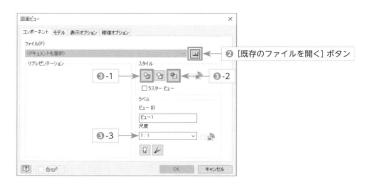

③ [図面ビュー] ダイアログボックスで，［スタイル］は［隠線］を選択 →［スタイル］の［シェーディング］は非選択（ボタンを押すたびに，ボタン背景が青（選択）と白（非選択）に交互に変わります）を選択 →［尺度］を「1：1」に設定，正面図が表示されるよう，表示された ViewCube により方向と角度を変える*→表示されている図を，図面枠の左下にドラッグ*→ [OK] ボタンをクリックします。

＊「方向」の選択で，キャップの形状の特徴を表している「下」を正面図にします。

＊位置を決定したあとも，カーソルを近づけて表示されるビューの枠をドラッグすることで移動することができます。

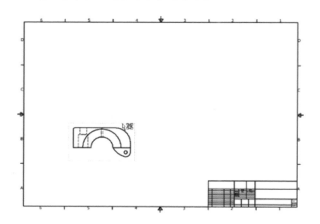

投影図の配置

❶ [作成] パネル −[投影] ボタンをクリック→カーソルを正面図に近づけて，赤点線の枠が表示されたところでクリックします*。 ⇒ カーソルを動かすと位置に応じて投影図が表示されます。→正面図の上部でクリックします。 ⇒ 緑点線の枠が表示されます。

＊正面図を作成したあと，[OK] ボタンを押さずにカーソルを動かして場所を変えてクリックすることでも，投影図を作成することができます。

❷ 続けて正面図の右側でクリック→斜め右上でクリック→そのまま右クリック →[作成] ボタンをクリックします。

❸ 右上のビューの枠を右クリック→メニューの [ビューを編集] ボタンをクリック →[スタイル] の [隠線除去] と右側の [シェーディング] を選択 →[OK] ボタンをクリックします。

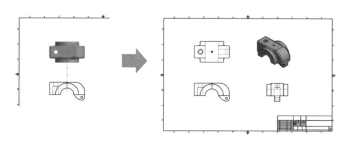

❹ デスクトップに 「キャップ」 の名前で保存します。 ⇒ 拡張子 idw がつきます。

演習 8-1　軸受クランプ部品図の作成

　新規に図面テンプレートファイルを開いて，軸受クランプを構成する部品図を，下図を参考に作成しましょう。「軸受クランプ部品図」の名前で保存します。スタイルはすべて隠線，尺度は1：1とします。平行ピンBは次ページに示す方法にしたがって配置します。

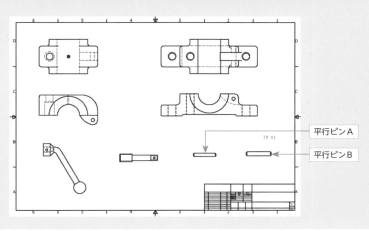

平行ピンA

平行ピンB

尺度の異なる投影図の作成

「平行ピンB」は小さいので，配置する際に尺度を変えます。

❶ 軸受クランプ部品図で「平行ピンB」以外の部品を配置したあと，[ビューを配置] タブの [ベース] ボタンをクリックして「平行ピンB.ipt」を選択して開く → [図面ビュー] ダイアログボックスで，[尺度] を「2:1」にして，[ラベル表示を切り替え] アイコン（電球のアイコン）をクリックして光らせる→ビューを適当な位置に配置 → [OK] ボタンをクリックします。

*このフォントが使われている文字はすべて同じサイズに変更されます。

❷ 尺度の表示「ビュー8 (2：1)」の上で右クリック→メニューの [文字スタイルを編集] をクリック → [スタイルおび規格エディタ] ダイアログボックスで [文字の高さ] を「3.50 mm」に変更* → [保存して閉じる] ボタンをクリックします。

❸ 尺度の表示「ビュー8 (2：1)」の上で右クリック→メニューの [ビューラベルを編集] をクリック → [文字書式] ダイアログボックスの「＜ビュー ID ＞」の上でクリック→ Delete キーを押す → [OK] ボタンをクリックします。

❹ 尺度の表示「(2：1)」をドラッグして適当な位置に配置します。

ねじ部の表示

ねじのついた部品にねじの表示がない場合は表示します。

❶ ビューの枠を右クリック→メニューの [ビューを編集] をクリック → [画面ビュー] ダイアログボックスの [表示オプション] タブをクリック → [ねじフィーチャ] にチェックを入れます。

8-3 中心線の記入

円などの軸対称，線対称の形状に中心線を入れます。

自動中心線の記入

❶ 軸受クランプ部品図のキャップ正面図を作成したら，そのビューの枠を右クリック→メニューから [自動中心線] をクリック → [自動中心線] ダイアログボックスで，[適用] の [穴フィーチャ] [円柱状フィーチャ] [回転フィーチャ] を選択*，[投影] の [軸に垂直] と [軸に平行] を両方選択 → [OK] ボタンをクリックします。⇒ 中心線が記入されます。

❷ 不要な中心線は削除し，長さが足りない中心線は端点をドラッグして引き伸ばします。

＊選択するとボタンがへこんで背景色が青色に変わります。

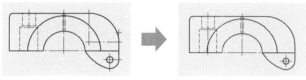

手動中心線の記入

[注釈] タブ−[記号] パネルにある中心線のボタンを利用して中心線を手動で描きます。

中心線の種類		内容
中心線		2点を選び，その間に中心線を描きます。円弧上に並んだ円を選択した場合は，各円に円弧に対して同心円状に中心線が描かれます。
2等分中心線		2本の線分を選ぶと，線分から等距離の中心位置に中心線が描かれます。
中心マーク		円または円弧を選ぶと十字の中心線が描かれます。
中央揃えパターン		円弧状に並んだパターンフィーチャの円弧に中心線が描かれます。

❶ キャップの平面図に中心線を記入します。

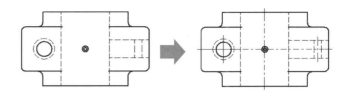

演習 8-2　中心線の記入

他の軸受クランプ部品図に中心線を記入しましょう。
ハンドルの端にある球の「中心線」を描きます。

❶ [中心線] ボタンをクリック→円弧をクリック→中心線が回転するので，端の線の中点と一
致したところでクリック→右クリック → [作成] ボタンをクリックします。

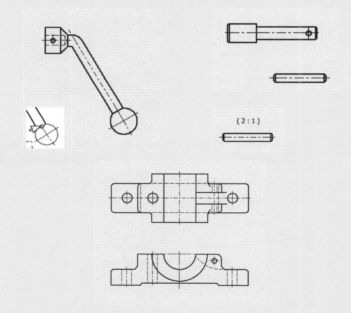

❷ 「軸受クランプ部品図.idw」を上書き保存します。

8-4 寸法の記入

［モデル注記を取得］による寸法記入

パーツモデリングの際に使用した寸法を図面に取り込んで記入します。

❶ ［注釈］タブ － ［取得］パネル － ［モデル注記を取得］ボタンをクリック → ［モデル注記を取得］ダイアログボックスの ［ビューを選択］ボタンをクリック→キャップの正面図にカーソルを近づけて，ビューの枠をクリック→寸法が表示されるので ［適用］ボタンをクリック→残りのビューも同様に寸法を表示して ［適用］ボタンをクリック → ［キャンセル］ボタンをクリックします。

＊直列寸法の整列方法： Ctrl キーを押しながら順にクリックして複数の寸法を選択し，右クリック→メニューの ［寸法を整列］ → 適当な位置までドラッグして配置を整えます。

＊段付き穴やRの寸法は，後ほど別の表示法で記入します。

❷ 各寸法を適当な位置までドラッグして配置を整えます＊。120ページの図を参考に不要な寸法表示を削除します＊。

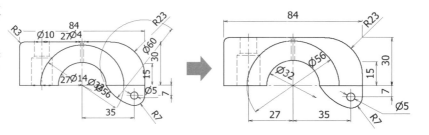

手動による寸法記入

[寸法]ボタンをクリックすると,手動で寸法を入れることができます。記入方法は第2章のスケッチの寸法拘束と同じです。

＊円や円弧の寸法は,曲線をクリックしたあと右クリックで表示される寸法タイプで,直径か半径を選択できます。

❶ [注釈] タブ － [寸法] パネル － [寸法] ボタンをクリック→キャップの平面図の寸法を記入します＊。

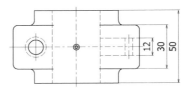

直径寸法の記入

円柱を軸に垂直方向から見た図に直径寸法を入れても,記号φが自動では表示されない場合は,記号φを手動で記入します。

❶ [寸法] ボタンをクリック →「平行ピンA」の軸の上下のエッジをクリック→寸法記入場所をクリックします。 ⇒ 寸法が記入され,[寸法編集]ダイアログボックスが表示されます。

＊<<>>は,モデル寸法が自動で表示されることを表します。

❷ ダイアログボックスの [文字] タブをクリック→カーソルを「<<>>」＊の左に移動 → [φ] (直径) ボタンをクリックします。 ⇒ φが寸法の前に表示されます。→ [OK] ボタンをクリックします。

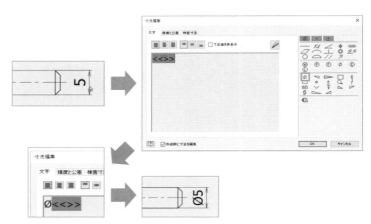

半径を記入する場合は,記号ではなくキーボードから「R」を入力します。その他各種図面用記号が用意されています。

引き出し線注記の記入

穴とねじの仕様を引き出し線注記として記入します。

❶ [注釈] タブ － [フィーチャ注記] パネル － [穴とねじ] ボタンをクリック→クランプ台の正面図の穴をクリックします。⇒ ねじのタイプと寸法が表示されます。

❷ 寸法値をドラッグし，適切な位置でクリック→寸法値を右クリック → [OK] ボタンをクリックします。

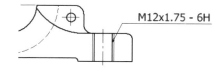

❸ 寸法値の上で右クリック→メニューの [穴注記編集] をクリック → [穴注記を編集] ダイアログボックスの「<THDCD> - <THRC>」の左に「3×」をキーボードから追加 → [OK] ボタンをクリックします。

❹ 上記と同様にハンドルのねじ穴に穴注記を加えます。[穴注記を編集] ダイアログボックスのオプションで [下穴] にチェックを入れます。

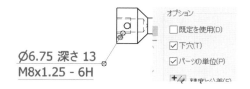

面取り記号の記入

面取り記号と寸法を引き出し線注記として記入します。

❶ [注釈] タブ － [フィーチャ注記] パネル － [面取りの注記] をクリック→面取りした斜めの線をクリック→面取りにつながる線をクリック→引き出して記入したい箇所でクリックします。

❷ 注記で足りない情報は，注記の文字の上でダブルクリックし，キーボードなどから入力します。

文字の記入

必要な情報を記入します。

❶ [注釈] タブ － [文字] パネル － [文字] をクリック→文字を記入する箇所をクリック → [文字書式] ダイアログボックスの枠にキーボードから必要な情報である「指示ノ無イRハ全テ3トスル」を入力 → [OK] ボタンをクリック→図面に表示された文字を適切な位置にドラッグします。

❷ 「軸受クランプ部品図.idw」を上書き保存します。

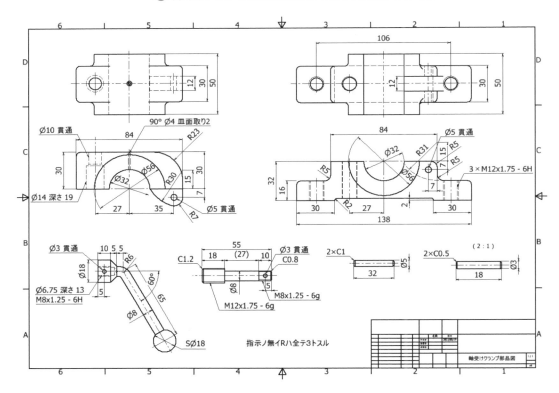

8-5 部分断面図

必要に応じて，内部の構造を部分的な断面図として表します。

部分断面作成1（キャップ）

❶ キャップ正面図の破線枠をクリック*→[ビューを配置]タブ－[スケッチ]パネル－[スケッチを開始]ボタンをクリックします。

* ビューの枠をクリックしてスケッチを描かないと，部分断面として認識されません。

❷ [スケッチ]タブ－[作成]パネルの[線分]と，[線分]ボタンの下をクリックして表示される[スプライン補間]を使い，左側の段付き穴上部と中央の皿面取り穴上部の2つの部分断面にする領域を示す閉じた線を描く→[スケッチを終了]ボタンをクリックします。

❸ [ビューを配置]タブ－[修正]パネル－[部分断面]ボタンをクリック→ビューの枠をクリック→[部分断面]ダイアログボックスの境界の[プロファイル]ボタンの選択矢印が選ばれている状態で，スケッチで描いた2つの閉じた線をクリックします。⇒ 緑線から青線に変わります。

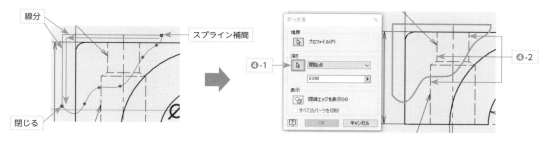

* 図面と垂直な奥行き方向の深さのこと。

* 寸法等の色が変わりエラーになった場合は，寸法補助線や矢印の先端をドラッグして再配置してください。

❹ ダイアログボックスの[深さ]*にある[セレクタ]ボタンをクリック→穴の縦の隠れ線をクリック→[OK]ボタンをクリックします*。

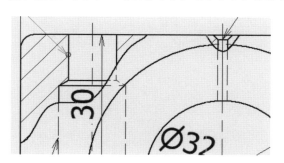

部分断面作成2（クランプ台）

❶ クランプ台ビューの枠をクリック→[ビューを配置]－[スケッチ]パネル－[スケッチを開始]ボタンをクリックします。

❷ [スケッチ] タブ － ［作成］ パネル － ［ジオメトリを投影］ ボタンをクリック→パーツのいずれかの半円弧をクリックします。⇒ 半円弧中心がスケッチ画面に投影されます。→半円弧中心を開始点として右側半分を囲む長方形を描画→スケッチを終了します。

❸ [ビューを配置] タブ － ［修正］ パネル － ［部分断面］ ボタンをクリック→ビューの枠をクリックします。

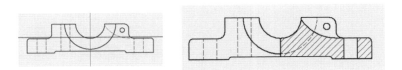

❹ [深さ] の ［セレクタ］ ボタンをクリック→ボルト穴の縦の隠れ線をクリック → [OK] ボタンをクリックします。

❺ 中心線に残る実線を選択し，右クリックで表示される［表示設定］のチェックをはずして消します。

❻ 寸法や中心線が赤色に変化してエラーとなったら，削除して記入し直してください。

❼ 「軸受クランプ部品図.idw」を上書き保存します。

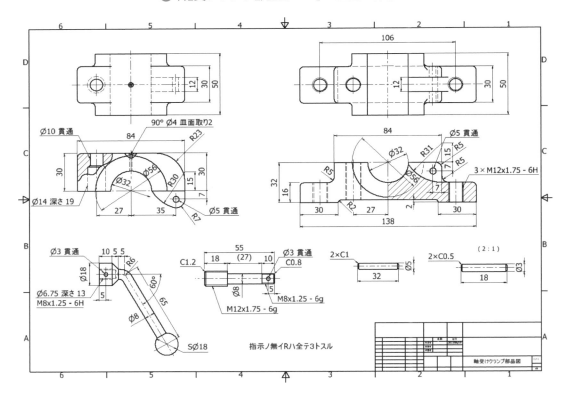

8-6 組立図の作成

組立図は複数の部品からなる機械全体または一部のモジュールを表し，その構造や機能，組み立て方法を表すための図面です。作成済のアセンブリファイルを使います。

正面図の作成

❶ [ファイル] タブ －[新規] パネル －[新規] ボタンをクリックして，[新規ファイルを作成] ダイアログボックスで [Standard.idw] をクリック →[作成] ボタンをクリックします。

❷ モデルブラウザの [シート：1] を右クリックし，[シートを編集] をクリック → [シートを編集] ダイアログボックスで [サイズ] を「A3」に変更します。

❸ [ベース] ボタンをクリック →[既存のファイルを開く] ボタンをクリック→アセンブリファイル「軸受クランプ.iam」を選択して [開く] ボタンをクリックします。

❹ 下図の方向にして，[スタイル] は [隠線] に設定 → [表示オプション] タブの [ねじフィーチャ] にチェックを入れる※→[OK] ボタンをクリックします。

＊ねじの二重破線が表示されます。

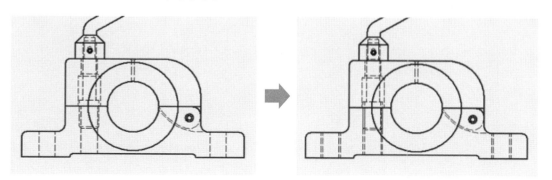

斜め投影図の作成

❶ [投影] ボタンをクリック→ビューの枠をクリック→カーソルを右上方向に移動してクリック→そのまま右クリック → [作成] ボタンをクリックします。

❷ ビューの枠上で右クリック → [ビューを編集] ボタンをクリック → [スタイル] の [隠線除去] と右側の [シェーディング] を選択 → [OK] ボタンをクリックします。

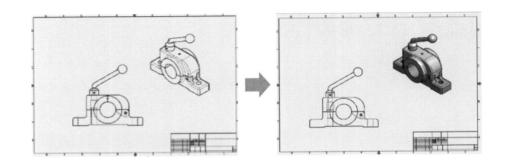

部分断面図の作成

キャップの一部を部分断面にします。

❶ 正面図のビューの枠をクリック → [ビューを配置] タブの [スケッチを開始] ボタンをクリックします。

❷ [ジオメトリを投影] ボタンをクリック→キャップ上端の水平線をクリック → [線分] ボタンをクリック→上端の水平線の中点を始点にして左に水平線を描画→垂直線を描画 → [スプライン補間] ボタンをクリック→適当な曲線を描いて閉じた図形を作成して，スケッチを終了します。

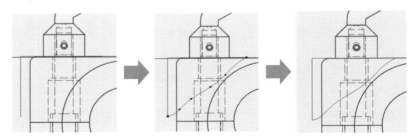

❸ 正面図のビューの枠をクリック → [部分断面] ボタンをクリック → [深さ] の [セレクタ] ボタンが選択された状態でボルト縦線をクリック → [OK] ボタンをクリックします。 ⇒ 部分断面ができます。

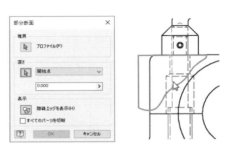

❹ ボルトはJIS規格では切断しないことになっているため，ボルトに付いたハッチングの線上で右クリック→メニューの［非表示］をクリックします。

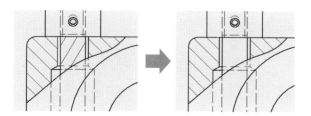

❺ ［スプライン補間］で描いた破断線の太さを変えるため，Ctrl キーを押しながら，順次曲線の部分をクリックしていきます。⇒ 曲線が緑色に変わります。

❻ 曲線上で右クリック→メニューから［プロパティ］をクリック → ［エッジプロパティ］ダイアログボックスで［線幅］を「0.25 mm」に設定 → ［OK］ボタンをクリックします。

中心線の記入

［注釈］タブの［中心線］［2等分中心線］［中心マーク］ボタンを使って，下記の参考図の位置に中心線を記入します。

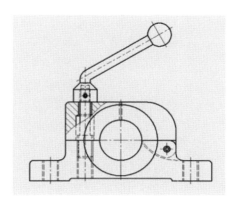

寸法の記入

全体の大きさがわかるような寸法を記入します。他の物に組み付ける機械であれば，その取り合いとなるボルトや穴や差込部の寸法も入れておくとよいでしょう。

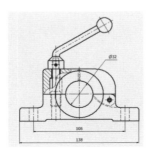
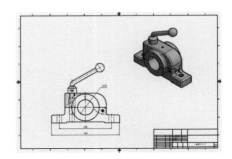

バルーンの記入

組立図には部品表との対応を示すために，各部品に延びる引き出し線が付いたバルーンを記入します。

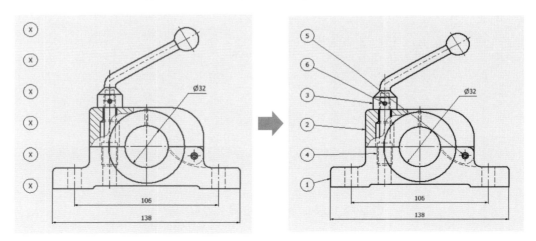

❶ ［注釈］タブ－［表］パネル－［バルーン］ボタンの下側をクリック →
［自動バルーン］ボタンをクリックします。⇒［自動バルーン］ダイアログボックスが開きます。

❷ 組立図のビューの枠をクリック →［コンポーネントの追加または削除］ボタンが選択された状態で次ページの図のように組立図全体を選択 →
［配置を選択］ボタンをクリック →［配置］で［垂直］を選択→上の見本図のように左側にバルーンをドラッグしてクリック →［OK］ボタンをクリック →「部品表ビューを有効にしますか？」という表示が出たら，
［OK］ボタンをクリックします。

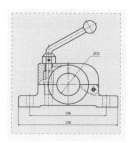

❸ バルーンと矢の先端をドラッグして前ページの見本図のような位置に移動します。このとき矢の先端が●に変更される場合がありますが，外形線を外側から指定するのであれば開矢印，外形線の内側のパーツ表面に置くのであれば●にしておきます。これは矢を右クリックして［矢印を編集］を選んで変えることができます。

8-7 部品表の作成

部品の品名，個数，材料，規格などが書かれた部品表を作成します。

部品表作成の準備

❶ アセンブリファイル「軸受クランプ.iam」を開きます。

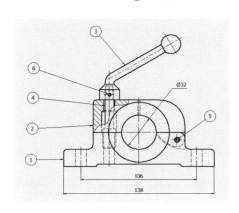
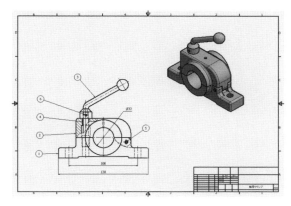

❷ ［アセンブリ］タブ －［管理］パネル －［部品表］ボタンをクリック →［構成］タブをクリックします。⇒ 項目番号が参考図と一致しない場合，項目の番号を変更したあと，［項目］をクリックすると順序が入れ替わります*。

＊部品のリスト表示がなければ，［ビューオプション］ボタンをクリックして［部品表ビューを有効］を選んでください。

部品表の表示

▼（1）図面上への部品表の表示

❶ 図面ファイルを開き，［注釈］タブ −［表］パネル −［パーツ一覧］ボタンをクリック →［パーツ一覧］ダイアログボックスの［作成元］の［ファイルを参照］ボタンをクリック→該当するアセンブリファイルを指定 →［OK］ボタンをクリックします。

❷ 四角い枠が表示されるので，標題欄の上に置きます。

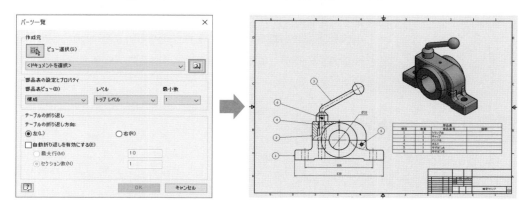

▼（2）部品表に表示するプロパティの選択

❶ カーソルを部品表に近づけて赤色に変わったら，ダブルクリックします。 ⇒ ［パーツ一覧］ダイアログボックスが表示されます。

❷ ［パーツ一覧］ダイアログボックスの［列選択］ボタンをクリックします。

❸ ［使用可能なプロパティ］のリストから「材料」を選択して［追加］ボタンをクリック →「質量」を選択して［追加］ボタンをクリック →「規格」を選択して［追加］ボタンをクリック →［選択されたプロパティ］リストから「説明」を選択して［除外］ボタンをクリックします。

❹ ［選択されたプロパティ］リスト内の順番を［下に移動］ボタンや［上に移動］ボタンにより並べ替え →［OK］ボタンをクリックします。
　⇒ 上からの順が部品表では左から順に並びます。

▼ (3) 用語の変更

「部品番号」を「品名」に変更します。

❶ [部品番号] 上で右クリック→メニューの [列書式] をクリック → [列書式：部品番号] ダイアログボックスの [見出し] を「部品番号」から「品名」に変更 → [OK] ボタンをクリックします。

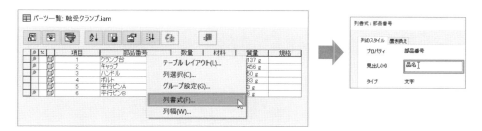

▼ (4) 単位などの変更

❶ 「質量」の上で右クリック → [列書式：質量] ダイアログボックスの [単位書式を適用] にチェックを入れる → [単位] を「gram」に変更，[精度] を「0」に変更 → [OK] ボタンをクリックします。

❷ 「平行ピン A」と「平行ピン B」の [規格] の枠に JIS 規格の番号を記入 → [OK] ボタンをクリックします。

項目	品名	数量	材料	質量	規格
					❷記入

部品表

項目	品名	数量	材料	質量	規格
1	クランプ台	1	鉄、鋳鉄	696 g	
2	キャップ	1	鉄、鋳鉄	539 g	
3	ハンドル	1	鋼、炭素鋼	69 g	
4	ボルト	1	鋼、炭素鋼	30 g	
5	平行ピンA	1	銅、合金	5 g	JISB1354B
6	平行ピンB	1	銅、合金	1 g	JISB1354B

▼ (5) 文字サイズの変更

バランスを考え，文字サイズを小さくします。

❶ 図面内の部品表の文字を右クリック→メニューの［パーツ一覧スタイルを編集］をクリック →［スタイルおよび規格エディタ］ダイアログボックスの［文字スタイル］にある鉛筆マークをクリック →［文字設定］の中の［文字の高さ］を「3.5 mm」に変更 →［保存して閉じる］ボタンをクリックします。 ⇒ 描かれている文字が同じフォントであれば，そのすべてに反映されます。

❶3.5mmに変更

❷ 部品表の枠の幅は縦線をドラッグして調整します。

❸「軸受クランプ組立図.idw」を保存します。

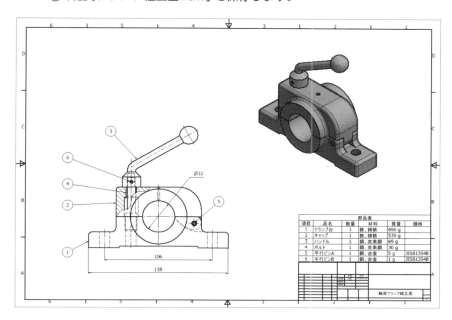

第9章 拘束駆動および モーション拘束

アセンブリデータを利用することによって，パーツの動きを視覚で捉えることができます。この方法を拘束駆動と呼びます。部品間の衝突や干渉など設計時に必要な検討も可能になります。

この章では，拘束駆動とモーション拘束の簡単な例を紹介します。

9-1 拘束駆動：すべり機構

ブロックが溝付ガイドに沿ってすべる拘束駆動を作成します。

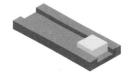

パーツの作成

2種類のパーツを作成します。

❶ 新規パーツファイルを開き，YZ平面上に下の左図を描き，押し出しフィーチャーにより長さ100 mmの溝付ガイドを作成します。

❷ デスクトップに「溝付ガイド」の名前で保存します。

❸ 新規パーツファイルを開き，20 mm×20 mm×高さ10 mmのブロックを作成します。動きがわかるように，外観を「黄」に設定します。

❹ デスクトップに「ブロック」の名前で保存します。

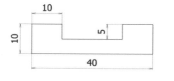

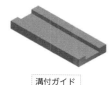

溝付ガイド

ブロック

アセンブリ

溝付ガイドにブロックを配置します。

❶ 新規アセンブリファイルを開き，「溝付ガイド」（原点に固定します）と
「ブロック」を配置します。

❷ [拘束] ボタンをクリック → 「ブロック」上面と「溝付ガイド」の溝面を
メイト拘束 → [適用] ボタンをクリックします。

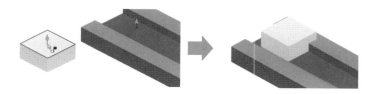

❸ 自由オービットあるいは [F4] キーによりパーツを回転 → 「ブロック」側
面と「溝付ガイド」側面をメイト拘束 → [適用] ボタンをクリックしま
す。

❹ 自由オービットあるいは [F4] キーによりパーツを回転 → 「ブロック」
と「溝付ガイド」のそれぞれ奥側の面をフラッシュ拘束 → [OK] ボタン
をクリックします。

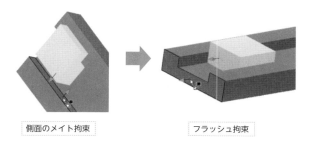

側面のメイト拘束　　　　　　　フラッシュ拘束

❺ デスクトップに「すべり機構」の名前で保存します。

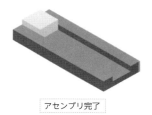

アセンブリ完了

拘束駆動

アセンブリに付加されている拘束の値(オフセット距離や角度など)を
変化させて，コンポーネントに動きを与えます。

❶ モデルブラウザの［溝付ガイド］を開いて［フラッシュ：1］の上にカーソルをおいて右クリック→メニューの［ドライブ］をクリックします。
　⇒　［駆動（フラッシュ：1）］ダイアログボックスが表示されます。
❷ ［詳細］ボタン（ >> ）をクリックします。⇒［詳細］ダイアログボックスが表示されます。→［開始］を「0 mm」，［終了］を「80 mm」，［増分］の［総ステップ数］にチェック，［繰り返し］の［開始/終了/開始］にチェックを入れて「4 ul」に設定 →［再生］ボタン（ ▶ ）をクリックします。⇒ ブロックが溝部を2回往復します。

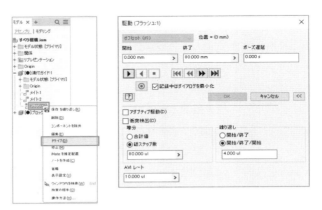

ダイアログボックスではアニメーション実行の際の条件を設定します。

1) 開始・終了：拘束駆動の開始・終了時の拘束オフセットまたは角度を指定します。
2) ポーズ遅延：ステップ間の遅延を秒単位で指定します。
3) >> << ：「詳細」ボタン，下半分のダイアログボックスが表示・非表示されます。
4) ▶ ◀ ：アニメーションを開始します。
5) ■ ：アニメーションを一時中断します。
6) ◀◀ ▶▶ ：ステップ単位で再生します。
7) |◀◀ ▶▶| ：一連のステップ最初，または最後の状態を表示します。
8) ◉ ：指定されたレートに従ってアニメーションを記録します。

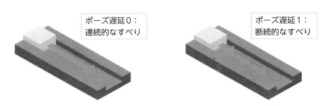

9) アダプティブ駆動：拘束駆動を与えるコンポーネントにアダプティブコン

ポーネントが関与している場合，駆動の際に必要であればそのコンポーネントのアダプティブを有効にします。

10) 衝突検出：拘束駆動を実行した場合，干渉は無視されアニメーションが続行されます。チェックを入れると干渉が確認された時点で警告が表示されます。

11) 増分：ステップ数の増加方法と値を指定します。

12) 合計値：オフセット（または角度）の値の1ステップの増加量を指定し，合計が終了の値に達した時点で1セットの動作が完了します。

13) 総ステップ数：開始から終了の値を指定したステップ数で均等に分割します。

14) 繰り返し：繰り返しのタイプと回数を指定します。

15) AVIレート：アニメーションを記録する際の増分を指定します。

9-2 拘束駆動：リンク機構

ピンとアームからなるリンク機構を作成して駆動させます。

パーツの作成

ピンと4種類のアームを作成します。スケッチは，すべてXY平面上に描きます。

❶ 新規パーツファイルを開き，直径8 mm，長さ8 mmのピンを作成します。外観を「黄」に設定します。

❷ デスクトップに「ピン」の名前で保存します。

❸ 新規パーツファイルを開き，以下の4種類のアーム（厚み4 mm，穴径8 mm，左右のフィレット半径6 mmは共通）を作成し，それぞれ「アーム1」〜「アーム4」の名前でデスクトップに保存します。

1) アーム1：穴中心間距離50 mm
2) アーム2：穴中心間距離120 mm
3) アーム3：穴中心間距離80 mm
4) アーム4：穴中心間距離140 mm

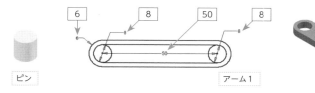

ピン　　　　　　　　　　　　　アーム1

アセンブリ

❶ 新規アセンブリファイルを開き，「アーム4」を固定配置します。その後ピンを2個配置します。

❷ [拘束] ボタンをクリック → [挿入拘束] を選択 → [位置合わせ] を選択 → 「アーム4」の穴と「ピン」を図の位置でクリック → [適用] ボタンをクリック → 「アーム4」の別の穴にもピンを挿入拘束します。

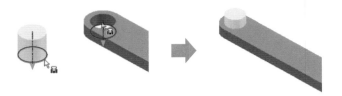

❸ 次に，「アーム3」を配置します。「アーム4」に付けた「ピン」と「アーム3」の穴とに対しても挿入拘束します。ただし，[解析] → [反対] とします。

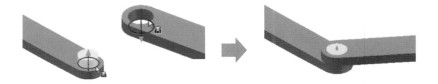

❹ 順次，残りのアームも挿入拘束してアセンブリが完成します。

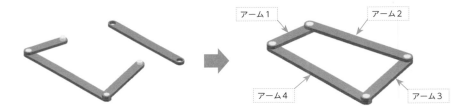

❺ [拘束] ボタンをクリック → [角度拘束] と [有向角] を選び，[角度] を「0 deg」に設定 → 「アーム1」と「アーム4」のエッジを図のようにクリック → [OK] ボタンをクリックします。図の矢印の向きに注意して，逆向きの場合は，[角度] を「180 deg」に設定します（逆向き矢印上で右クリックして，[他を選択] することもできます）。

拘束駆動

❶ モデルブラウザの［アーム4］を展開して［角度］の上にカーソルをおいて右クリック→メニューの［ドライブ］をクリックします。

❷［詳細］ボタン（ >> ）をクリック →［開始］を「-45 deg」に，［終了］を「315 deg」に，［繰り返し］を［開始／終了］として「4 ul」を設定 →［再生］ボタン（ ▶ ）をクリックします。⇒ アームの回転運動が始まり，4回転します。

❸ デスクトップに「リンク機構」の名前で保存します。

9-3 モーション拘束：ラック＆ピニオン

3つのパーツのスケッチは，すべてXY平面上に描きます。

モーション拘束は，アセンブリコンポーネント間の相対的な動きを指定します。ここでは，ハンドルを回すとブロックが直線運動するような回転─直線の変換機構をシミュレートします。

パーツの作成

▼（1）フレームの作成

ねじ送り機構のフレームを作成します。以下は作成例です。

❶ 新規パーツファイルを作成→長さ220 mm，奥行き40 mm，高さ50 mmの直方体を作成 →［シェル］ボタンをクリック→厚み10 mmを残して凹型作成します。

❷ 手前正面の左右中央部で，底面から30 mmの位置を中心とした直径
15 mmの貫通穴を作成→奥正面の左右中央部で，底面から30 mmの
位置を中心とした直径10 mmの貫通穴を作成します。

❸ デスクトップに「フレーム」の名前で保存します。

▼ (2) 移動ブロックの作成

移動ブロックを作成します。以下は作成例です。

❶ 新規パーツファイルを作成→40 mm×40 mm×高さ20 mmの直方
体を作成します。

❷ 上部中央に直径12 mmの穴を作成（「ねじ穴」仕様は下図参照），台形
ねじ（ISO Metric Trapezoidal Threads）TR 12×2を使用します。

❸ デスクトップに「移動ブロック」の名前で保存します。

▼ (3) ねじ軸の作成

ねじ軸を作成します。以下は作成例です。

❶ 新規パーツファイルを作成→直径 12 mm，長さ 200 mm の円柱を作成します。

❷ 円柱頭部に直径 15 mm，長さ 10 mm の円柱を作成→その上に直径 30 mm，長さ 20 mm の円柱を作成します。

❸ 円柱底部に直径 10 mm，長さ 10 mm の円柱を作成します。

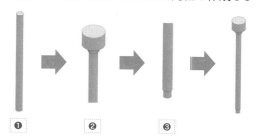

❹ モデルブラウザの YZ 平面上で右クリックして「新しいスケッチ」を選択。次に，パーツ上を右クリックし［切断して表示］を利用して，円柱頭部に直径 8 mm，長さ 100 mm の丸棒（ハンドル）を作成します。

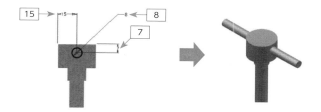

❺ 円柱中央部（直径 12 mm）に図に示す仕様の台形ねじを作成→外観を「オレンジ」に設定します。ねじは，移動ブロックと同じ仕様です。

❻ デスクトップに「ねじ軸」の名前で保存します。

❶ 新規アセンブリファイルを作成 → 「フレーム」を固定配置 → 「移動ブロック」と「ねじ軸」を配置します。

❷ [拘束] ボタンをクリック → 「メイト拘束」にてフレーム上に「移動ブロック」を配置 → 「フラッシュ拘束」にて図のように「移動ブロック」の位置を調整 (フレーム側面と移動ブロック側面をそろえる) → [OK] ボタンをクリックします。

❸ [拘束] ボタンをクリック → [挿入] ボタンをクリック → [反対] を選び「フレーム」穴に「ねじ軸」を挿入 → [OK] ボタンをクリックします。

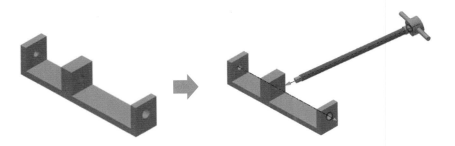

❶ [拘束] ボタンをクリック → [拘束を指定] ダイアログボックスの [モーション] タブをクリック → [タイプ] を [ラック＆ピニオン] にして, [解析] を [順方向] にします。

❷ [選択] で, 1番目を「ハンドルの端面」, 2番目を「ブロックの端面」 → [距離] を「2 mm」に設定します。⇒ これで, 送りねじが「メートル台形ねじ Tr12」の場合, 1回転あたりに進む直線距離が 2 mm になります。→ [OK] ボタンをクリックします。

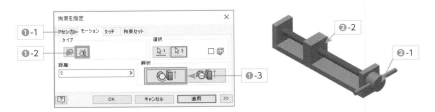

　ハンドルを回してみましょう。ハンドルを回すと, それに連動してブロックが水平移動 (ハンドルの正回転と逆回転に連動して, 1回転あたり 2 mm の割合でブロックが前後に直線運動) します。

次に，ハンドルの回転とブロックの直線運動の自動シミュレーション
をしてみましょう。まず，ハンドルとフレームに角度拘束を付加します。

❶ モデルブラウザで［ねじ軸］－［Origin］－［YZ Plane］の上で右クリッ
ク→メニューの［表示設定］をクリックしてチェックを入れます。 ⇒
ねじ軸のYZ面が表示されます。

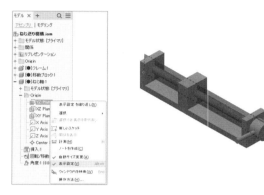

❷ ［拘束］ボタンをクリック →［拘束を指定］ダイアログボックスで［タイ
プ］を［角度］，［解析］を［有向角］に設定→「フレーム」の横面と「ね
じ軸」のYZ面を選択，［角度］を「0 deg」に設定→［OK］ボタンをク
リックします。

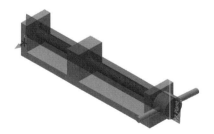

❸ モデルブラウザの［角度：1 (0.00 deg)］の上で右クリック→メニュー
の［ドライブ］をクリックします。 ⇒ ［駆動（角度:1)］ダイアログボッ
クスが表示されます。

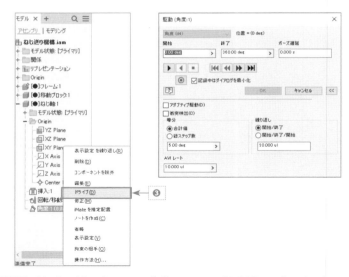

❹ ［駆動（角度:1）］ダイアログボックスで［開始］を「0 deg」に，［終
了］を「360 deg」に，［増分］の［合計値］にチェックを入れて，値を
「5 deg」に設定→［繰り返し］の［開始／終了］にチェックを入れて，値
を「20 ul」に設定→［再生］ボタン（▶）をクリックします*。⇒ ハ
ンドル1回転につき，2 mm × 20回で合計40 mm移動します。

＊自動シミュレーションを
行ったあと，手動でハンド
ルを回す場合は，モデルブ
ラウザの［フレーム］–［角
度］の上で右クリック→メ
ニューの［削除］をクリッ
クしておきます。

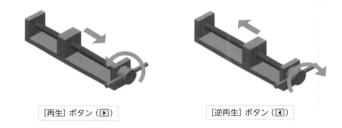

［再生］ボタン（▶）　　　　　　　　　［逆再生］ボタン（◀）

❺ デスクトップに「ねじ送り機構」の名前で保存します。

索 引

執筆者紹介

▌編著者

村木正芳（むらき・まさよし）

学歴	京都大学工学部石油化学科卒業（1972年），工学博士（東京大学）
職歴	日石三菱株式会社（現・ENEOS株式会社）潤滑油研究所所長代理，潤滑油部技術担当部長，湘南工科大学工学部機械工学科教授 兼 大学院工学研究科長を経て，現在，湘南工科大学外部講師
著書	『エンジン』（共著，産業図書，2005年） 『図解トライボロジー』（日刊工業新聞社，2007年） 『工学のためのVBAプログラミング基礎』（東京電機大学出版局，2009年） 『数値解析と表面分析によるトライボロジーの解明と制御』（共著，テクノシステム，2018年） 『よくわかるトライボロジー』（東京電機大学出版局，2021年）　ほか
受賞	日本潤滑学会 論文賞（1985年），日本機械学会 論文賞（1992年），日本トライボロジー学会 技術賞（2010年），日本トライボロジー学会 論文賞（2014年），日本設計工学会 武藤栄次賞優秀設計賞（2014年），日本トライボロジー学会 技術賞（2016年），日本トライボロジー学会 功績賞（2017年）

▌著者

北洞貴也（きたほら・たかや）

学歴	横浜国立大学大学院工学研究科生産工学専攻前期課程修了（1987年），工学博士（横浜国立大学）
職歴	株式会社日立製作所（1987〜1998年），横浜国立大学（1988〜1998年），湘南工科大学（1998年〜），現在，同大学機械工学科教授
受賞	ターボ機械協会 論文賞（1995年），ターボ機械協会 小宮賞（1997年），日本機械学会 奨励賞（1998年），日本機械学会 論文賞（1999年）

木村広幸（きむら・ひろゆき）

学歴	湘南工科大学（相模工業大学）工学部機械工学科卒業（1977年），慶應義塾大学理工学研究科後期博士課程総合デザイン工学専攻単位取得満期退学（2012年）
職歴	相模工業大学（1977年〜），湘南工科大学工学部総合デザイン学科専任講師を経て，現在，湘南工科大学非常勤講師
著書	『図面の読み方から3次元CADまで「機械製図の基礎と演習」』（共著，産図テクスト，2007年） 『福祉ものづくり物語』（共著，ひみつの出版，2022年）
受賞	日本設計工学会 優秀発表賞（2006年），日本設計工学会 優秀発表賞（2019年）

Inventor による 3D CAD 入門 第 2 版

2018 年 3 月 15 日　　第 1 版 1 刷発行	ISBN 978-4-501-42060-4 C3053
2020 年 7 月 20 日　　第 1 版 2 刷発行	
2023 年 1 月 30 日　　第 2 版 1 刷発行	

編著者　村木正芳
著　者　北洞貴也・木村広幸
　　　　ⓒ Muraki Masayoshi, Kitahora Takaya, Kimura Hiroyuki 2023

発行所　学校法人 東京電機大学　　　〒120-8551　東京都足立区千住旭町 5 番
　　　　東京電機大学出版局　　　　　Tel. 03-5284-5386(営業) 03-5284-5385(編集)
　　　　　　　　　　　　　　　　　　Fax.03-5284-5387 振替口座 00160-5-71715
　　　　　　　　　　　　　　　　　　https://www.tdupress.jp/

編集協力・組版：(株)トップスタジオ　　　印刷：(株)加藤文明社　　　製本：誠製本(株)
装丁：鎌田正志
落丁・乱丁本はお取り替えいたします。　　　　　　　　　　　　　Printed in Japan

情報・経営 関連書籍ご案内

デザインマネジメントシリーズ
デザインマネジメント原論
デザイン経営のための実践ハンドブック

デイビッド・ハンズ 著
篠原稔和 監訳　　B5変型判 240頁
デザインマネジメント領域の第一人者デイビッド・ハンズの著作，待望の翻訳。「デザイン」と「マネジメント」を統合的に扱う難しいテーマを，明快でわかりやすい内容と構成で解説。初学者から実務者まで，最良の教科書。

デザインマネジメントシリーズ
実践デザインマネジメント
創造的な組織デザインのためのツール・プロセス・プラクティス

イゴール・ハリシキヴィッチ 著
篠原稔和 監訳　　B5変型判 240頁
デザインマネジメントのメソッド（方法）を学ぶことができる最良の教科書。デザイン思考の前提となる wicked problem を詳細に解説した上で，デザイン思考のプロセスとツールが，ビジネスにどうインストールされるのかを段階的に説明。

デザインマネジメントシリーズ
詳説デザインマネジメント
組織論とマーケティング論からの探求

ソティリス・ララウニス 著
篠原稔和 監訳　　B5変型判 392頁
組織論とマーケティング論との関係性の中にデザインマネジメントを位置付け解説。組織のパラドックスやクリエイティビティとイノベーションのパラドックスに加え，両利きの経営の解としてデザインを位置付け解説。

デザインマネジメントシリーズ
センス＆レスポンド
傾聴と創造による成功する組織の共創メカニズム

ジョセフ・ゴーセルフ 他著
篠原稔和 監訳　　B5変型判 232頁
組織を成功に導くために必要な「共創のメカニズム」である「センス ＆ レスポンド」について解説。その重要性と有効性について，成功事例と失敗事例を相互参照しながら詳解し，この原理を組織に移植する具体的な方法を伝授。

ヒトの耳 機械の耳
聴覚のモデル化から機械学習まで

リチャード・F・ライオン 著
根本幾・田中慶太 訳　　A5判 680頁
聴覚系や脳が音を処理する理論をモデル化し，それをコンピュータや機械で活用する方法を解説した書。機械聴覚の土台となる基礎科学と，効率的なシステム構築法について詳解。機械学習分野への応用についても解説。

デジタル・フォレンジックの基礎と実践

佐々木良一 編著　　A5判 304頁

デジタル・フォレンジックの基礎的事項から，実際に用いる簡単なツールの使い方や OS およびファイルシステムの解説，さらには法律や法廷対話といった実践的・応用的事項までを記載し，包括的に学べるようにまとめた。

AIリテラシーの教科書

浅岡伴夫・松田雄馬・中松正樹 著
　　　　　　　　A5判 232頁
AI（人工知能）の知識を正しく理解し，適切に使いこなす能力を伸ばすことを目的とした教科書。「AI の全体像の把握」「基本原理の理解」「活用方法の習得」の３ステップで構成。「AI 関連用語集」も収録。

大学のデジタル変革
DXによる教育の未来

井上雅裕 編著　　A5判 242頁

教育における DX とは，データやデジタル技術を生かして，教育の変革を行うこと。学習者本位 DX のあり方や国内外の動向，大学教育の将来と課題についてまとめた。高等教育機関や社会人教育関係者に必読の書。

＊定価，図書目録のお問い合わせ・ご要望は出版局までお願いいたします。
URL　https://www.tdupress.jp/

IA-010

「学生のための」シリーズ ご案内

学生のための
情報リテラシー
Office 2021・Microsoft 365対応

若山芳三郎 著　　　B5判 208頁

パソコン・キーボードの操作から，文書・
表計算・プレゼン資料の作成，データ
ベース，ウェブ活用，メール，HTML
まで，重要な項目を精選。実践的な例
題と豊富な演習問題で実力がつく。

学生のための
Python

本郷健・松田晃一 著　　　B5判 196頁

シンプルで可読性に優れている Python
言語を学ぶ課題演習型テキスト。基礎
編では簡単な命令で Python の動作を
解説。実践編ではタートルグラフィクス
を使って図形を書くことでプログラミング
の理解を深めることができる。

学生のための
JavaScript

重定如彦 著　　　B5判 344頁

占いや数当て，マインスイーパー，落
ちものパズルなどの身近なゲーム作成を
通して，楽しみながら JavaScript を学
ぶ。ウェブ教材による詳細な解説も提
供。

学生のための
基礎Java

照井博志 著　　　B5判 144頁

OS などの環境を選ばずに使える，
Java について，プログラムの基礎を中
心として解説。1 つの課題を解きながら
文法を学ぶ「課題学習型」なので，
プログラミング技術の基礎がしっかりと
身につく。

学生のための
基礎C

若山芳三郎 著　　　B5判 128頁

C言語を初歩から学べ，実際にプログ
ラムを打ち込みながら学習を進めて
いく演習型のテキスト。テキストにそって
プログラムを打ち込んでいけば自然と
C言語の知識が習得できる。初めて
C言語を学ぶ人向け。

学生のための
詳解C

中村隆一 著　　　B5判 200頁

C言語を基礎から学ぶための課題提
示型演習書。C言語の必須文法を流
れ図や考え方を示しながら丁寧に
解説。例題にそって学習し，練習
問題をこなすことで，確実に実力
のつくテキスト。

学生のための
詳解Visual Basic

山本昌弘・重定如彦 著　B5判 240頁

Visual Basic を基礎から学ぶための課
題提示型演習書。プログラミング作成
の考え方を示しながら，基礎から応用
まで必須文法を丁寧に解説。章末問
題や Tips も豊富。VB 2008 対応。

学生のための
Excel VBA　第2版

若山芳三郎 著　　　B5判 144頁

Excel VBA を用いて Excel を十二分
に活用するための入門書。日常のデー
タ処理において，必要度の高い項目を
精選して収録。マクロから基本的なプ
ログラミング，ユーザーフォームの作成
まで，例題演習形式で解説。

＊定価，図書目録のお問い合わせ・ご要望は出版局までお願いいたします。
URL　https://www.tdupress.jp/

SR-510

教育・教養 関連書籍ご案内

コミュニケーションリテラシーの教科書
カウンセリングスキルを使ったエクササイズ

実践教育訓練学会 監修
水野修次郎・新目真紀 著　B5判 160頁

トラブルを軽減し，適切な対人関係を形成・維持するために必要なコミュニケーションスキルを，理論・事例分析・ロールプレイ・グループワークを通して習得するテキスト。エクササイズ用の別冊ワークシート付き。解説動画も用意。

理工系大学でどう学ぶ？
〈つなげてつくる〉工学への招待

広石英記 編著　A5判 168頁

理工系学生が大学どのように学ぶか，学ぶにあたって必要な事項は何かをまとめたテキスト。今まで学んできたことと，これからの社会などを「つなげて」考える一冊。これからの学びに必要となる教養やエッセンスが詰まっている。

大学院活用術
理工系修士で飛躍するための60のアドバイス

面谷 信 著　A5判 154頁

理工系の大学生に向けた，大学院への進学を誘う啓蒙書。進学する意義やメリット，有意義な過ごし方などについて具体的にアドバイス。また，大学院進学後の飛躍のきっかけとなるポイントを豊富に掲載。

世界を変えた60人の偉人たち
新しい時代を拓いたテクノロジー

東京電機大学 編　A5判 152頁

社会を大きく変えたテクノロジーの歩みとその影響，開発者の思いやメッセージを，それぞれの背景や本人の言葉，エピソードを交え，イラスト入りで紹介。古代から現代まで，世界や日本の偉人60人を紹介。

サイエンス探究シリーズ
偉人たちの挑戦 1
数学・天文学・地学編

東京電機大学 編　A5判 258頁

科学で偉大な発見・発明をした偉人の業績と生涯を，平易な語りと多数のイラストで紹介するシリーズ。パスカル，コペルニクス，ガリレイ，ハッブル，チューリング，伊能忠敬など数学・天文学・地学分野の17人を紹介。

サイエンス探究シリーズ
偉人たちの挑戦 2
物理学編Ⅰ

東京電機大学 編　A5判 256頁

科学で偉大な発見・発明をした偉人の業績と生涯を，平易な語りと多数のイラストで紹介するシリーズ。ニュートン，ファラデー，マクスウェル，キュリー，アインシュタイン，寺田寅彦など物理学分野の17人を紹介。

サイエンス探究シリーズ
偉人たちの挑戦 3
物理学編Ⅱ

東京電機大学 編　A5判 268頁

科学で偉大な発見・発明をした偉人の業績と生涯を，平易な語りと多数のイラストで紹介するシリーズ。ボーア，ディラック，ファインマン，朝永振一郎，仁科芳雄，湯川秀樹，湯浅年子など物理学分野の18人を紹介。

サイエンス探究シリーズ
偉人たちの挑戦 4
化学編

東京電機大学 編　B5判 172頁

科学で偉大な発見・発明をした偉人の業績と生涯を，平易な語りと多数のイラストで紹介するシリーズ。ラヴォワジエ，ボルタ，メンデレーエフ，ジュリオ＝キュリー，シーボーグ，保井コノ，黒田チカなど化学分野の12人を紹介。

＊定価，図書目録のお問い合わせ・ご要望は出版局までお願いいたします。
URL　https://www.tdupress.jp/